JN113128

本書のダウンロードデータについて

ボーンデジタルのウェブサイト（下記URL）の本書の書籍ページから、サンプルデータ等をダウンロードいただけます。

https://www.borndigital.co.jp/book

また本書のウェブページでは、発売日以降に判明した誤植（正誤）情報やその他の更新情報を掲載しています。本書に関するお問い合わせの際は、当ページをご確認ください。

ご利用上の注意

- 本書が対象とする各ソフトウェアのバージョンは以下の通りです。それ以外のバージョンでは、解説と異なる場合があります。

  Windows 10
  Maya 2023
- ハードウェア／ソフトウェア環境によっては、サンプルデータを利用できなかったり、本書記載通りの動作や画面にならなかったりする場合があります。あらかじめご了承ください。
- サンプルデータは全てお客さまの責任と判断においてご利用ください。データを使用した結果、発生したいかなる事態についても、著者・出版社・著作権者は一切その責任を負いません。

前書き

2020年に『3DCGアニメーション入門』を出版させていただいてから、およそ3年の月日が経ちました。ボーンデジタルから改訂版の企画の提案があり、前回書ききれなかった部分や、こうすればよかったという反省点を踏まえ、今回改訂版を作成させていただきました。ご協力いただいた関係者の方々には深く感謝を申し上げます。

改訂の骨子は以下の4項目となっています。

①概論部分の縮小
アニメーションの歴史や手描きアニメーションの作成方法など概論の要素は「重要であるが本書に求める人は少ない」と考え、必要最小限として解説ページの充実を図りました。

②手順の独立化
改訂前の著書は3DCGのアニメーションの入門者のみならず、新人アニメーターのさらなる技術向上を図る事を目的に作成していました。そのため小手先の技術ではなく根本的な問題点を解決できるようにと、文章で詳しく解説し、それに説明図を加えるという構成になっています。結果的に、とりあえず説明図を見て本文は後回しするような使い方には向かないという、デメリットが生じてしまいました。そこで改訂版では説明は「手順」として独立させ、解説文はその後に添付するという形に変更しました。理屈はともかく、手順通りに作成したら「動いた」という経験が大切と考えたためです。疑問点や躓いた場合には解説を読んで理解するという使い方で、経験者でも新たな発見ができるような内容になっていればと思っています。

③12原則の追加
アニメーションの12原則（6章）は日本のアニメーション事情に即していない部分もあり、また「アニメーターであれば分かっていて当然」の内容なので、個人的には解説は不要と感じていました。ところが新人教育の際に、実際の映像と対比して12原則の解説を行なうと、妙に評判がよい事に気がついたのです。現場的には当然の内容も、初心者には12原則として個別に抽出した方が理解しやすいという発見でした。そこで今回は原書『Disney Animation 生命を吹き込む魔法 The Illusion of Life』(1981)を読み直し、12原則の内容を整理して3DCGアニメーション用に解説を行ないました。本文内にもアイコンを挿入して、なるべく関連性を理解できるように配慮しています。

④章の細分化
改訂前は全5章の構成としていましたが、今回は歩きと走りの項目をサイクルとノンサイクルに分け、道具を使用するアニメーションを独立させて8章に細分化し、そこに12原則を加えて全9章での構成に変更してあります。

大きな変更点としては上記の4点ですが、解説文と解説用の画像もより分かりやすいようにと、ほぼ刷新しました。また挿絵のイラストレーターも変わりましたので、書籍の印象自体もかなり変わっているかと思います。

今回の改定により、より分かりやすく、そしてより深く3DCGアニメーションを楽しめるようになっていたら幸いです。

2023年 吉日
だんごむしスタジオ　荻野哲哉

4章 歩きと走りのサイクルアニメーション

3DCG
アニメーション入門
改訂版

1章

2Dアニメーションから3DCGアニメーションへ

3DCGアニメーションを学ぼうとした時に、3DCGソフトの使い方を学ぶ事は大切ですが、それ以上にアニメーションそのものを知る事が大切です。ここでは3DCGアニメーションと手描きの2Dアニメーションとの共通部分や違い、また映像制作の流れを紹介していきます。

アニメーションとは

私たちは日常的にテレビやモニタ上の様々な映像を視聴しています。それらの映像が複数枚の画像を短時間で切り替えて表示されたものである事は、一般的にも認知されています。テレビ放送にはいくつかの方式が存在し、それにより1秒間に表示する画像の枚数が異なります。日本や北米で採用されているNTSC方式では29.97枚の画像が、ヨーロッパや中東で採用されているPAL方式とフランスで採用されているSECAM方式では25枚の画像が、1秒間に表示されています。

一方でフィルムを用いて撮影、映写する映画は、1秒間に24枚の画像を表示して上映を行ないます。こちらは全世界共通で国による違いはありません。現在は撮影から上映まで全てデジタル機材を用いている事も多いですが、上映時にはフィルムと同じく1秒間に24枚の画像を表示する事が基本となっています。

1秒間に複数枚の絵を表示したものを2Dアニメーション、または作画アニメーションといいます。2Dアニメーションを作成する場合も映画と同様に、1秒間に24枚の絵を用いる事が一般的です。他にも本来動かないはずの粘土、人形などを少しずつ動かして撮影したストップモーション・アニメーションと呼ばれるものもあります。

私たちが映画やアニメをテレビやモニタで見る際には、1秒間に24枚の画像で作成された映像を、NTSCの規格に合わせて1秒間に29.97枚の画像が表示されるように変換した映像を視聴している事になります。

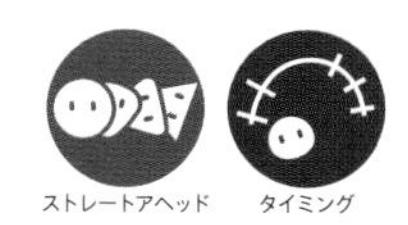

フルアニメーションとリミテッドアニメーション

先述の通り、2Dアニメーションは1秒間に24枚の絵を描く事で映像を作成しています。仮に3分間のアニメーションを作ろうとすると、4,320枚の絵を用意しなければなりません。30分であればこの10倍の枚数の絵が必要となります。

01のように、1秒間に24枚の全て異なる絵を描いて動かす手法をフルアニメーションと呼びます。

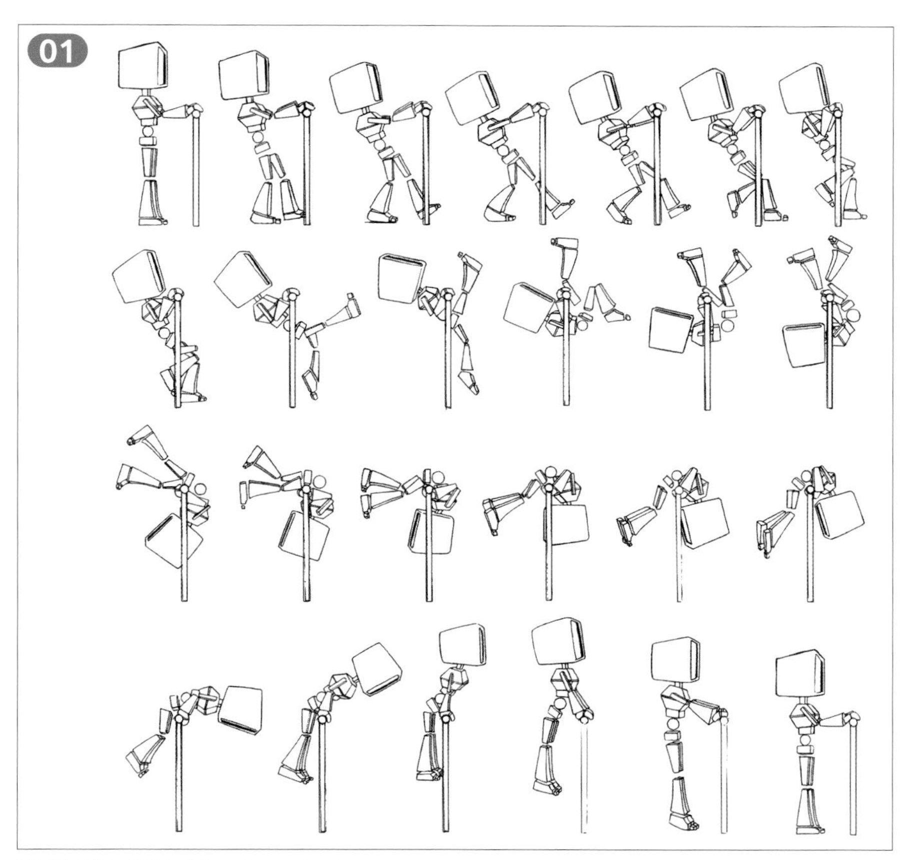

1秒間で逆上がりをするフルアニメーション

フルアニメーションに対し、1秒間に描く絵の枚数を減らしたり、描く部分を省略したりするアニメーションの制作手法をリミテッドアニメーションと呼びます。具体的には、1枚の絵を3回表示する（※）事で1秒間に必要な絵を8枚に減らしたり、会話のシーンで輪郭や髪の毛は共通の絵を使って動く口だけを描いたりする方法です。02は01の逆上がりのアニメーションをリミテッドアニメーションで描いた例です。1枚の絵を3回表示する事で描く絵を8枚に抑えています。リミテッドアニメーションの誕生により、絵の枚数を減らす事で緩急のある動きを見せるなど、新たなアニメーション表現が生まれました。しかし残念ながら、絵の枚数を減らせるという部分が強調され、省力化のための手法としての認識のみが一般的になってしまいました。

※アニメ業界では「3コマ打ち」といいます

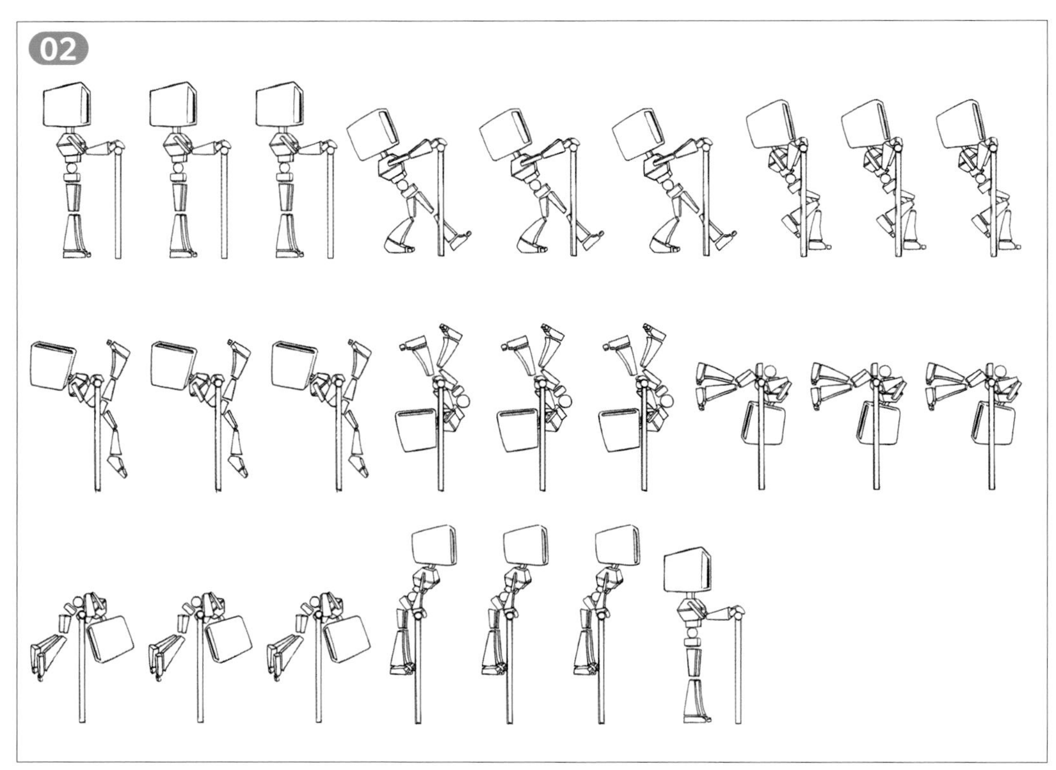

1秒間で逆上がりをするリミテッドアニメーション

日本では1960年代にテレビでリミテッドアニメーションが本格的に放送されるようになりました。当初は省力化の観点から導入された手法ですが、今ではリミテッドアニメーションのメリットを活かした映像表現・演出は昇華され、世界に誇れる域に達したといってよいでしょう。日本のアニメーション業界では現在も、1秒間に8枚の絵を描く事を基準にアニメーションを制作しています。

2Dアニメーションから3DCGアニメーションへ

アニメーションは映像分野だけではなく、ゲーム業界でも重要な位置を占めています。ゲームは映像と違って1秒間に必要な画像の枚数が決まっていません。代わりにフレームレートという単位を用いて描画される画像の枚数を表し、その数値は環境によって変化します。フレームレートが可変である理由は、事前に描画する絵を用意するのではなく、プレイヤーの操作によってリアルタイムで描画するというゲームの特徴のためです。この場合当然ですが、先に絵を描いておいて再生する2Dアニメーションの手法は使えません。

ひと昔前はゲームも平面の2DCGの表現が主流でしたが、現在はほぼ3DCGで制作されるようになりました。3DCGではどのようにキャラクターアニメーションを作成しているのでしょうか？

2Dアニメーションの制作工程

日本の手描きの2Dアニメーションでは、原画と動画という作業分担が行なわれています。原画を担当するアニメーターが基本となるキャラクターの絵である原画を描き起こします。次にその原画を基に原画と原画の間に必要な枚数の絵を、動画を担当するアニメーターが描き起こします。例えば2枚の原画と、その原画の間に6枚の動画を描き加えると、全体で8枚の絵が完成し、1秒分（※）のアニメーションが完成するイメージです。03は、後ろにいる友人に気がついて挨拶をするまでのアニメーションで、太枠で囲んだ原画2枚の間に3枚の動画を描き起こした例です。

※リミテッドアニメーション換算（1秒＝8枚×3コマ＝24枚）

原画と動画の例。太い枠の1、5が原画、間の2、3、4の3枚が動画

3DCGアニメーションの制作工程

3DCGで手描きの2Dアニメーションと同じ、1秒分のアニメーションを作成するにはどのような作業を行なうのでしょうか？

3DCGでも、まずはアニメーターが手描きの原画にあたるポーズを2つ作成します。3DCGでアニメーションを作成する場合は最初にその動きにかかる時間を決めなければいけないので、今回はスタートの時間0秒に1番目のポーズ、終わりの1秒後に2番目のポーズを作成します。考え方としてはこれで終了です。3DCGアニメーションではこれらの原画にあたるポーズをキーポーズと呼びます。再生ボタンを押せば、手描きのアニメーションで動画にあたるポーズを3DCGソフトが自動的に生成してくれます。これでアニメーション用には24枚、ゲーム上ではリアルタイムで間のポーズを必要なだけ生成してくれます。60fps（※）であれば1秒間に60枚の絵が作成されるのです。

※フレームレート。1秒間に表示される画像の枚数を表す

こう書いてしまうと3DCGアニメーションはなんて簡単なんだろうと思われてしまいそうですが、実際の作業はそれ程簡単ではありません。

モデリング

まずはキャラクターの形状を、モデラーと呼ばれる人たちが作成します。04はモデリングの作業画面、05は作成された3Dモデルです。

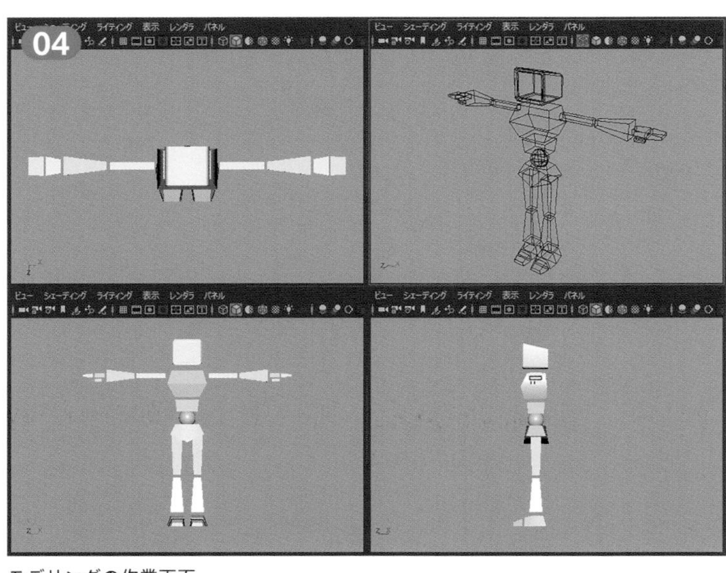

モデリングの作業画面

作成された3Dモデル

リギング

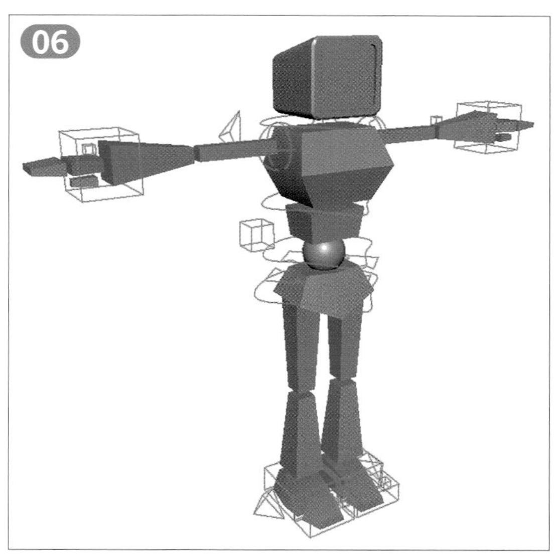
コントローラが作成されているキャラクターモデル

3Dモデルを動かすための仕組みを、リガーと呼ばれる人たちが作成します。06は、動かすための仕組みが出来上がった状態の3Dモデルです。キャラクターの周りにある赤紫色のラインがコントローラと呼ばれるもので、アニメーターはこのコントローラを動かし、動きをつけていきます。

アニメーション

07はコントローラを動かして3つのキーポーズを作ったものです。08は3DCGソフトが生成した中間の動きも並べて表示した状態です。半透明になっているポーズは3DCGソフトが生成した部分ですが、この動きを1度で綺麗に作ってはくれるわけではありません。詳細は以降の章で説明します。

キーポーズ

キーポーズと3DCGソフトが補間したポーズ

映像化

アニメーションをつければアニメーターの仕事は終了ですが、それだけで見せられる映像が完成するわけではありません。アニメーターが作成した動きを1枚ずつ画像素材として出力する工程をレンダリングといいます。この工程で絵の質が決まるので大変時間がかかります。1枚の画像をレンダリングするために数分から数十分かかる事もあります。

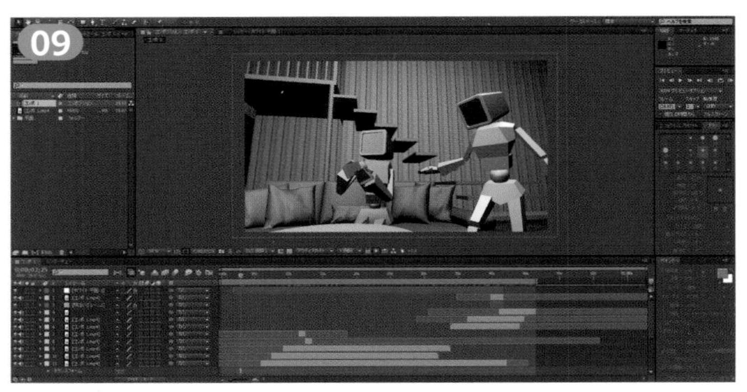

編集ソフトの作業画面

その後09のような編集ソフトで背景、照明、エフェクトなどの様々な要素、さらに音や音声を加わえて、初めて10のような映像として見せる事ができるようになるのです。

完成画像

ゲームのモーション

ゲームの場合はリアルタイムにレンダリングを行ないます。そのため3DCGソフト上ではレンダリングを行なわず、モーションデータとモデルデータをゲーム上で読み込み、ゲーム機はプレイヤーの操作に合わせてレンダリングします11。

ゲームの画面

映像やゲームなど最終的な出力によって納品する形式は変わりますが、3DCGアニメーションの制作手順に変化はありません。次の章では、キーフレームアニメーションを作成する手順を学んでいきましょう。

2章

アニメーションを始めよう

映像制作の流れを理解した後は、手描きの2Dアニメーションと対比しながら3DCGアニメーションの作り方を見てみましょう。物理法則を無視した動きは不自然なアニメーションになってしまいますし、3DCGソフトによる動きの編集方法を知らなければ思うようなアニメーションを作る事はできません。まずはシンプルに物体が動くアニメーションから始めてみましょう。

振り子の運動

最初にアニメーションとして簡単な物理運動を学びます。次に問題を出しますので、手描きで中割りのイラストを描いてみてください。中割りとは、手描きアニメーションで原画と原画の間の動きを作画する事をいいます。中割りされた作画＝動画は、タイムシートや原画で指定された枚数を描かなければなりません。これから3DCGをやろうと思っている人は「なぜ手描きで？」と思うかもしれませんが、手描きでも3DCGでもアニメーションの考え方は一緒なので、これが描けなければ3DCGアニメーションはできないのです。しっかりと基本を押さえておきましょう。

Q.1

問題1

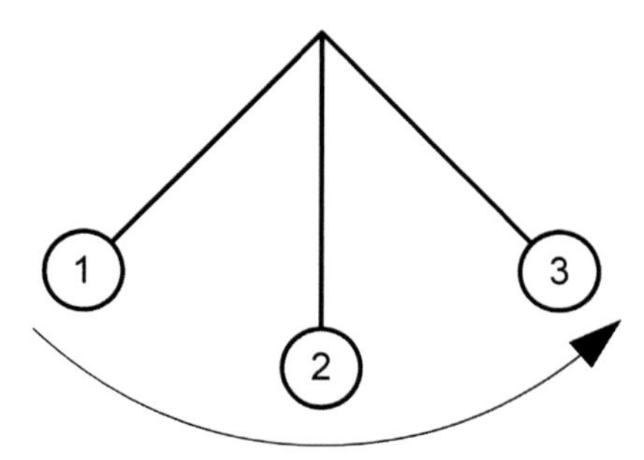

振り子の運動をイラストにしました。振り子は最初①のところにあり、手を離すと順番に①→②→③と移動し、その後は元の位置①に戻ります。最初の部分①と中間の部分②、最も離れた部分③の3ヶ所を原画として作画したので、片道分の動画として①と②、②と③の間に中2枚の中割りを描いてください。この「中2枚」とは、原画と原画の間に2枚の絵（動画）が入るという意味です。

振り子の動き

振り子の玉は最初止まっていますが、手を放すと重力に引かれて下に落ちようとします。01の黄色の矢印は重力で、常に一定の力で下に引かれています。赤色の矢印は振り子の運動ベクトルです。ざっくりと説明していきましょう。

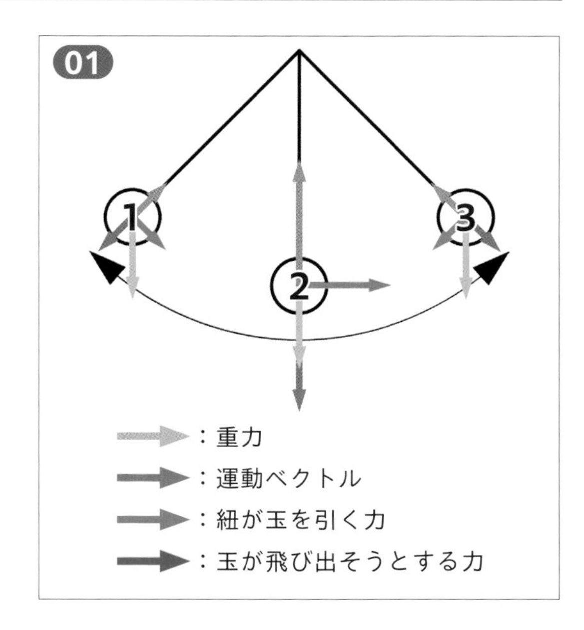

青色の矢印は紐が玉を引く力で、緑色の矢印は玉が飛び出そうとする力ですが、紐が切れない限りとは同じ力でバランスが取れています。そこに重力の黄色の矢印の力が加わるため、振り子①は赤色の矢印の方向に運動を始めます。

そして中央最下部②までいくと運動ベクトルは0となり、重力によって加速された振り子の速度は最大となります。その後、重力によって今度は振り子の速度が落ちていき、やがて③で停止します。停止後は重力によって逆方向に再度加速を始め、ほぼ出発点①に戻りますが、空気抵抗などにより、段々と振り子の動きは小さくなっていきます。時計などの振り子がずっと止まらないのは、抵抗で小さくなった力学的エネルギーをゼンマイやモーターといった動力で補っているためです。これが振り子の運動のアニメーションです。

A.1

問題1の解答

左端と右端とではスピードが遅くなるため動画の間隔が狭くなり、中央に近い程間隔が空いているという中割りが正しいアニメーションになります。Aは等間隔で動画を描いたもの、Bは両側に寄せて動画を描いたものです。アニメーションとして再生するとAは常に一定の速度ですが、Bは両端で遅く、中央部分で速くなります。結果としてBが正解です。

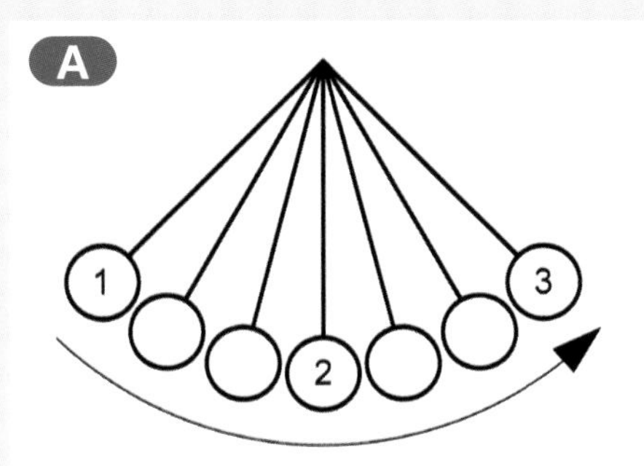

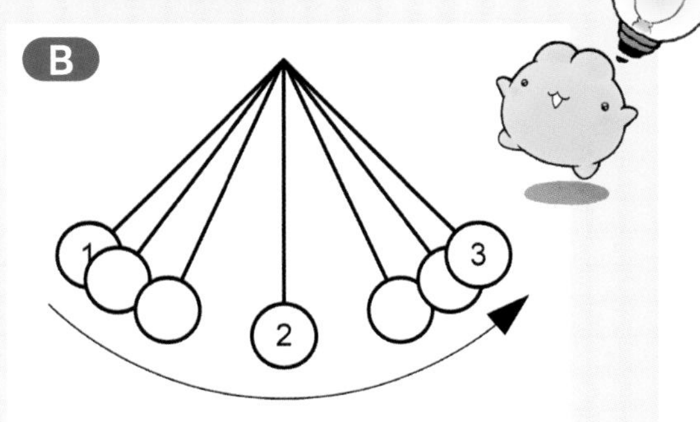

3DCGによる振り子のアニメーション

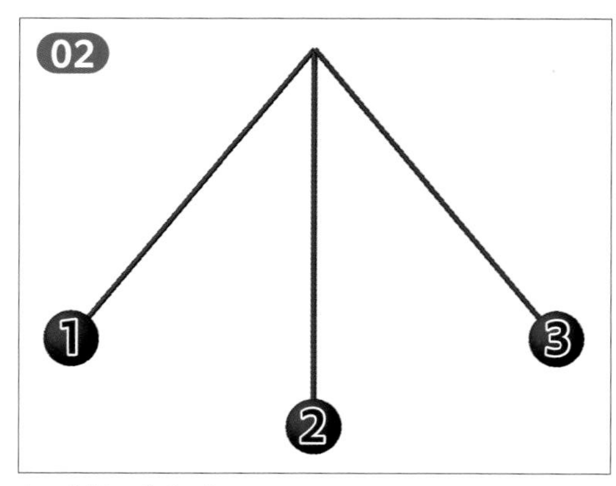

キーを打つポイント

それでは3DCGソフトで振り子の動きを作ってみましょう。まず紐（ここでは棒）の先に玉が付いている3Dモデルを作成し、動き始めの位置にもっていきます。次にこの位置を動きのスタートであると3DCGソフトで設定します。そして棒の頂点を中心に回転運動をさせ、手描きの原画と同じように①→②→③と順番に移動するアニメーションを作成します。仮に振り子の運動が片道1秒だとすると、時間の設定は①がスタートで0秒、②で0.5秒、③で1秒となります02。

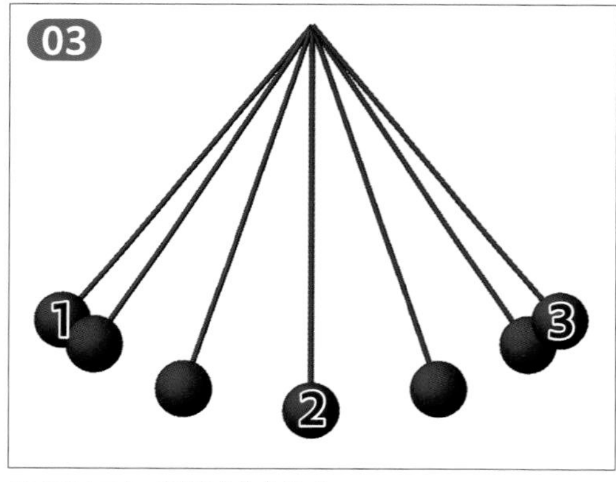

3DCGソフトで補間された動き

3DCGソフトの場合、時間と位置を設定するとその間の動きを自動的に作成してアニメーションが作られます。この事を「動きを補間する」といいます。それでは、完成したアニメーションを再生してみましょう。

03は再生した振り子のアニメーションです。手描きのアニメーションの解答（P11）と同じになっていますね。両端では玉の間隔が狭まり、中央では間隔が空いている「ツメ割り」が作成されたといえます。

全ての3DCGソフトの結果が同じになるとは限りませんが、一般的には同様の結果が得られるはずです。3DCGソフトはなかなかに優秀です。

ボールのバウンド

振り子の運動は、手描きのアニメーションで最初に学習する問題です。ボールのバウンドアニメーションも同様に、始めに押さえておくべき基本的な動きとなります。それでは次の問題に答えてみましょう。

Q.2

問題2

下の図は左から右にバウンドする、ボールの軌跡を破線で表したものです。キーポーズは地面に当たったところと、バウンドして1番高いところを指定してあります。振り子の時と同様に、中割りを描いてください。中割りの枚数は①と②の間で4枚とし、②以降は枚数も考えて描いてみましょう。

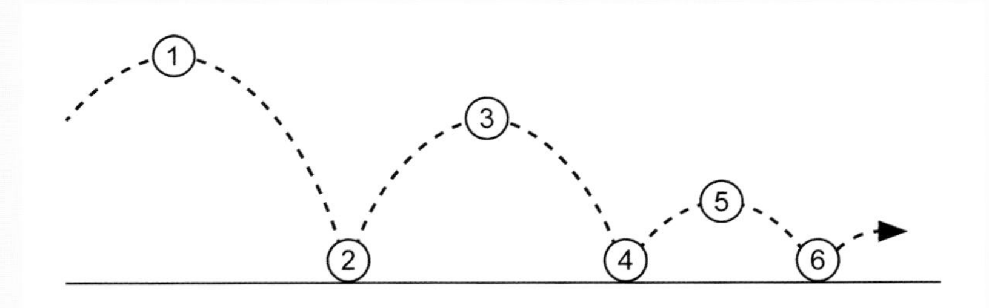

A.2

問題2の解答

振り子の問題に答えた後なので、均等に中割りを作成した人はいないと思いますが、大丈夫でしょうか。正しい答えは下の図のようになります。

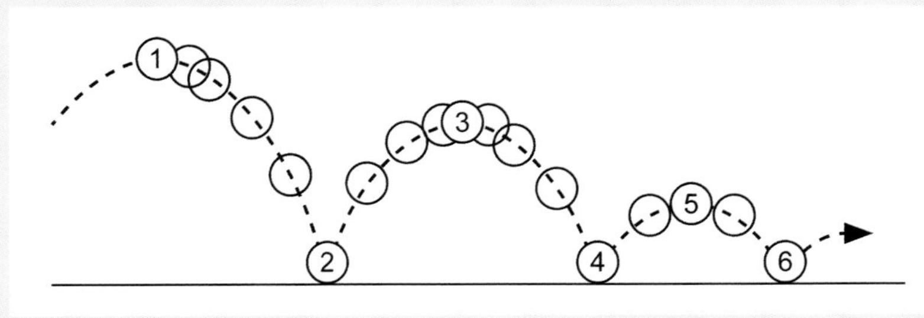

ボールの運動の軌跡

ボールのバウンドアニメーションは、最上部の頂点付近（上死点）が最もスピードが遅いためボールが重なり、下にいく程間隔が広がってまばらになります。中学校の数学で教わった放物線のグラフの説明を思い出してください。ボールは放物線に沿って動きます。振り子とは逆に、放物線の両端が最もスピードが速く、中央の上死点が最も遅くなるため、04のように上（中央）での間隔が狭くなっています。

ボールの動きの軌跡

ボールが地面にぶつかったところを始点として、そこから跳ね上がり、その後落下して地面にぶつかるところまでが、1つの放物線になります。地面にぶつかる度に力学的エネルギーが小さくなるため、バウンドするごとに放物線は段々と小さくなります。それが連続していき、最終的には転がってバウンドしなくなるのが、今回のようなボールの運動です。アニメーションとしては、04のように放物線に沿って上部での間隔を狭く、かつ左右対称にボールを配置するのがポイントです。04では、より視覚的に差が分かりやすいように、ボールの位置を少しだけ中央に寄せています。またアニメーションが進む程バウンドの山が小さくなるため、中割りの枚数を減らせばボールの運動の答えは正解になります。

放物線

念のため、放物線について説明しておきましょう。放物線は物理運動の基本的な考え方の1つで、物を上に向けて打ち上げた時の物体移動の軌跡を繋いだラインです。移動の速さとしては上にいく程スピードが落ち、下にいく程速くなります。最上部で一瞬上下方向のスピードがなくなるため、ここを「上死点」と呼びます。また、左右方向のスピードは一定であると考えます。図としては縦に長くした楕円形の上部を切り取った形状で、必ず左右対称です。05の赤いラインは接線で、上にいくに従って徐々に角度は小さくなり、1番上で水平となります。

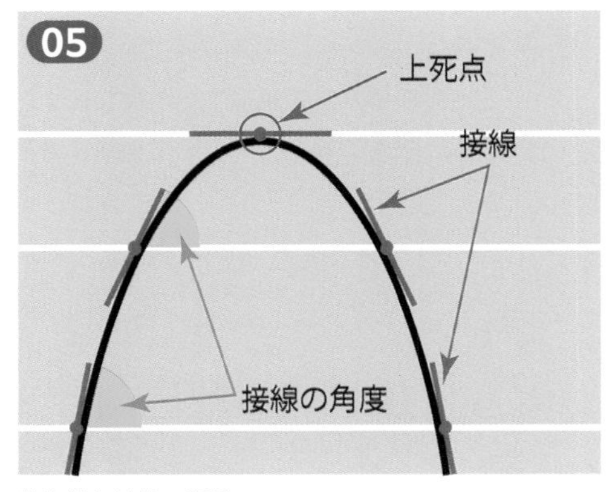

放物線と接線の関係

3DCGによるバウンドアニメーション

ボールのバウンドアニメーションを理解したところで、同じアニメーションを3DCGで作成してみましょう。3DCGでは正面、側面、天面の3種類の画面があり、今回は側面で制作する前提で説明します。また、アニメーションの作成には、移動・大きさ・回転の3種類がありますが、今回は移動のアニメーションだけを作成します。最初にキーポーズにあたる部分として、06のように放物線の上死点と地面に接触するところの8ヶ所にキーを打ちます。

3DCGソフトが作成したアニメーションは07のようになりました。分かりやすいようにボールの軌跡を黄色いラインでなぞっています。

08の青いラインが本来想定される放物線ですが、残念ながら3DCGソフトで作成したボールのアニメーションは大きくずれてしまっています。しかも上死点に近いところと、地面に近いところの両方でスピードを落としています。これではボールのバウンドアニメーションとはいえません。

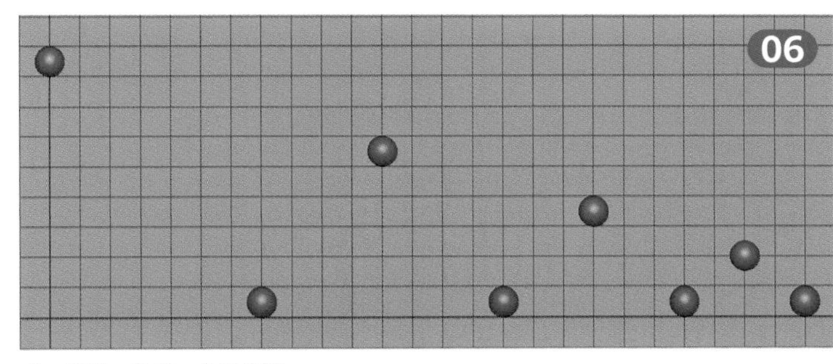

キーを打ったボールの位置

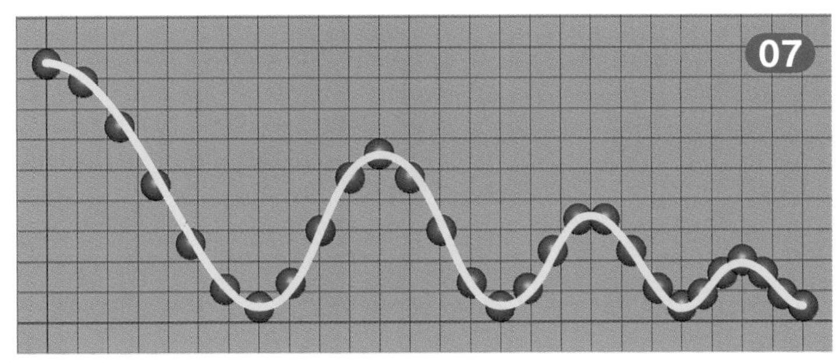

3DCGソフトが補間をしたアニメーションの軌跡

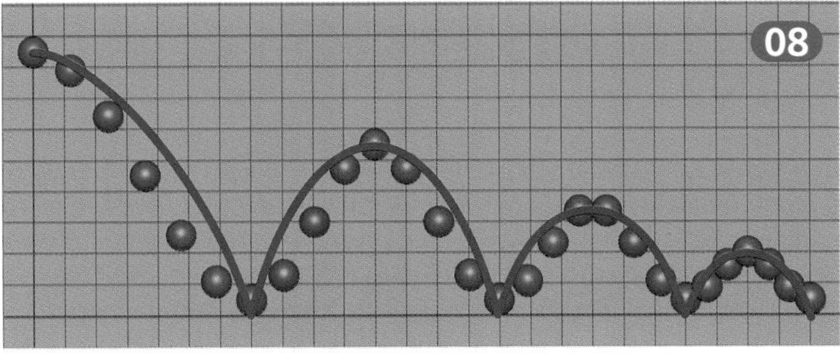

正しいボールのバウンドアニメーションの軌跡

3DCGソフトで作成したアニメーションを再生してみると、ボールはフワフワと漂っているような動きになってしまいました。なぜ3DCGソフトは、このように現実とは異なるアニメーションを作成してしまったのでしょうか。理由を正しく理解しておく必要があります。また修正の仕方も知らなければいけません。

アニメーション カーブ

3DCGソフトには、作成したアニメーションをグラフ化する機能が備わっており、そこでアニメーションの確認、及び調整ができます。それでは、3DCGソフトで作成したアニメーションが現実と異なる動きになってしまった原因とその修正のために、作成されたアニメーションをグラフに表示してみましょう。と急にいわれても難しいと思いますので、先に簡単な例を用いてグラフとアニメーション カーブ（以下、カーブ）の関係を説明します。

09の黄色い四角で囲んでいる部分がキーを打ったところで、3ヶ所にキーを打ってある事が分かります。途中のライン（カーブ）は3DCGソフトが補間した部分の変化を表しています。時間の経過と共に値が大きくなりますが、最後は元の値に戻っています。これが進行方向のカーブであれば前に進み、最初の位置に戻る事になります。高さのカーブであれば1度高くなって元の高さに戻り、横方向の大きさのカーブであれば横に膨れてまた元の大きさに戻るという事です。回転であれば正方向に回転した後、逆回転して元の角度に戻るという事になります。つまり移動・大きさ・回転、全てのアニメーションを同じようにカーブで表せるのです。

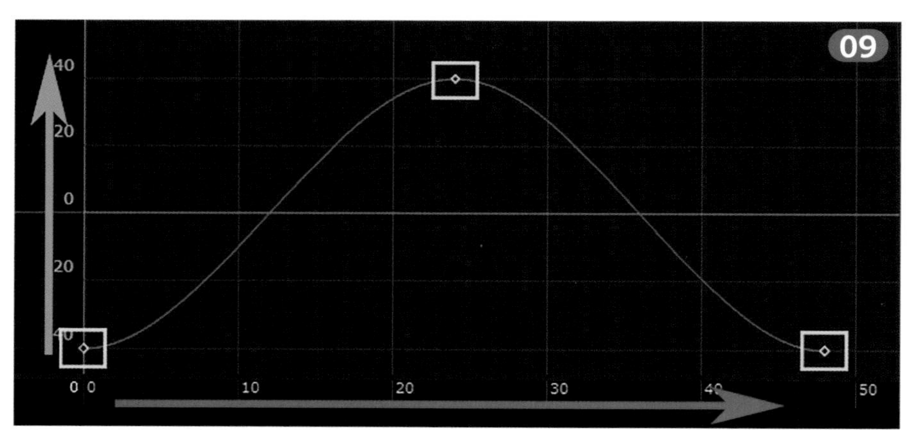

縦軸（緑）がキーの値、横軸（赤）が時間

また一般的に生成されるカーブは識別しやすいよう、X軸・Y軸・Z軸で色分けされます。移動のアニメーションにはX軸・Y軸・Z軸の3軸分のカーブが存在します。今回のボールのバウンドでは上下方向と進行方向の2軸分のアニメーションしか作成しないので、2軸分のカーブのみ表示して解説します。それでは、実際のグラフでカーブを確認してみましょう。

10が上下方向、11が進行方向のカーブです。縦軸が移動の値を、横軸が時間を表しています。オレンジ色の菱形の点がキーで、キーとキーを繋いでいる緑色の細いライン（カーブ）は3DCGソフトが補間した部分になります。上下方向の移動は実際のボールのバウンドの動きと非常によく似たカーブになっていますが、進行方向のカーブは緩やかな曲線になっています。

それでは上下方向のカーブを細かく見てみましょう。10の縦の軸は値、横の軸は時間でしたね。まずはオレンジ色のキーの位置を確認します。最初のキーは1番左側の縦軸で最も大きな値のオレンジ色の点です。これはボールが最初は高い位置にあるという事を表しています。2番目のキーはグラフの下端にあり、地面に接している事を意味しています。図では分かりやすいように接地時の値を0としていますが、実際にはボールのサイズにより値は変わります。そして3番目のキーで高さが上がりますが、1番目よりは低くなっています。4番目のキーで再度地面に接し、5番、7番と高さが低くなっていきます。

横軸は時間の経過を表しています。1番目と2番目のキーの間隔が少し離れていますが、他はそれ程間隔の変化はありません。これは1つずつのバウンドで高さは変わっても、1回のバウンドにかかる時間はあまり変わっていない事を表しています。

次は進行方向のカーブを見てみましょう。11は1番目のキーの値から、2番目、3番目と均等に値が減少していきます。これはボールがマイナス方向に一定のスピードで進んでいる事を表しています。

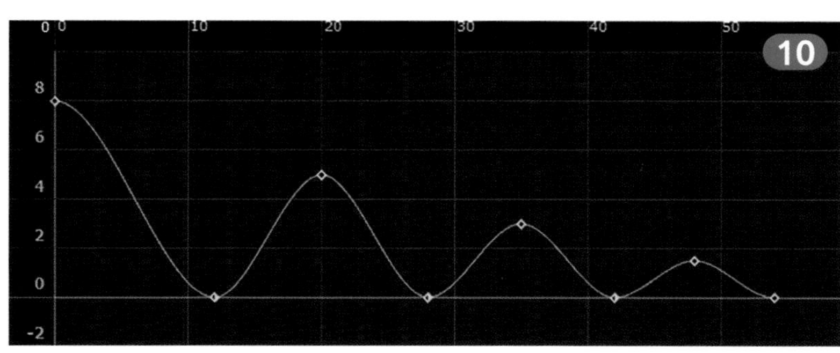

上下方向の動きの補間カーブ

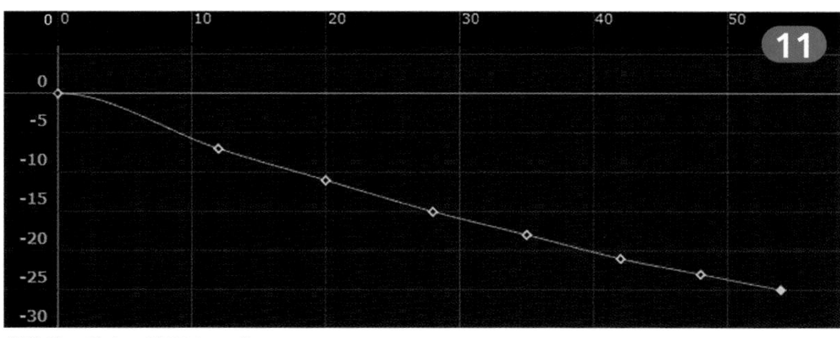

横移動の動きの補間カーブ

カーブを確認したところ、キーに問題はありませんでした。問題は3DCGソフトが補間した動きにあり、その動きは途中のカーブに表れています。手描きのアニメーションでいえば、動画マンが中割りを間違えてしまったという事です。

カーブの角度とスピード

3DCGソフトではカーブを表示するだけでなく、それを修正する機能も備わっています。しかし修正の前に、そのカーブがどのような動きになっているのか理解しなければなりません。

カーブの見方で覚えておかなければならないのが、カーブの角度とスピードの関係です。例えば2点間のキーで、時間の経過があっても値が変わらないと、その間のカーブは水平になります。これは静止している状態です。逆に2点間のキーで、時間の経過は少ないのに移動量が大きい場合には、カーブの角度が非常に大きくなります。これはスピードが速いという意味になります。つまりカーブの角度が大きければスピードが速く、小さければスピードが遅く、水平であれば静止しているという事になります。ここを理解できればカーブの見方を習得できたといってよいでしょう。

例として、カーブを幾つか用意しました。それぞれ異なるアニメーションになっています。説明を読んでアニメーションとカーブの関係を理解しましょう。

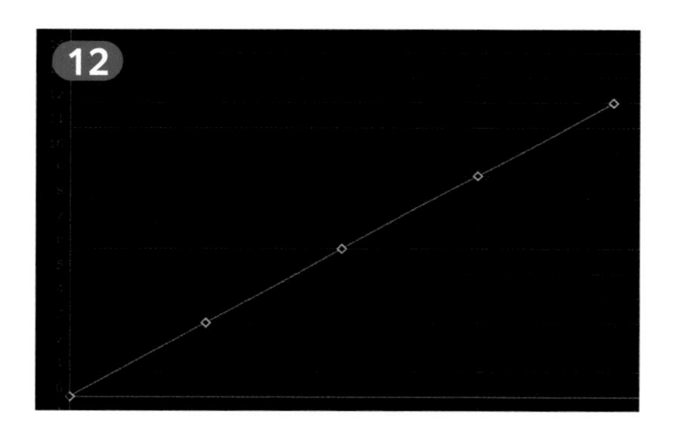

一定のスピードで進む動きのカーブ

カーブは時間（横軸）と移動量（縦軸）が比例しているため、動く速度は一定で変わりません。

Q.3

12～15の説明で「アニメーション カーブ」について概ね理解できたでしょうか。それでは確認として問題を出しますので、カーブを見てどのような動きのアニメーションか考えてください。先程までの解説と同様にボールの運動を考えてみましょう。縦軸が進行方向で前に進む量とします。横軸は時間です。ちょっと変わったカーブですね。

問題3

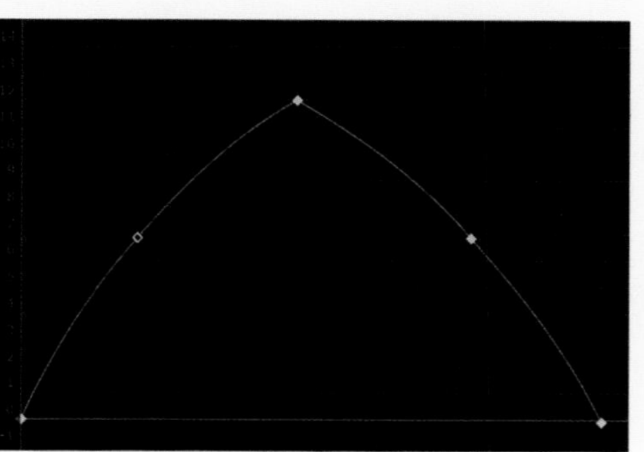

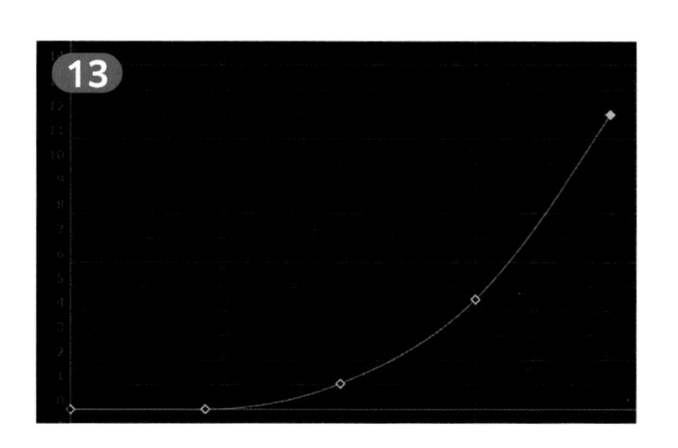

停止状態から
徐々に加速する動きのカーブ

カーブを見ると最初は水平なので静止しており、その後時間に対する移動量が徐々に増えていきます。結果、徐々に速度が上がります。

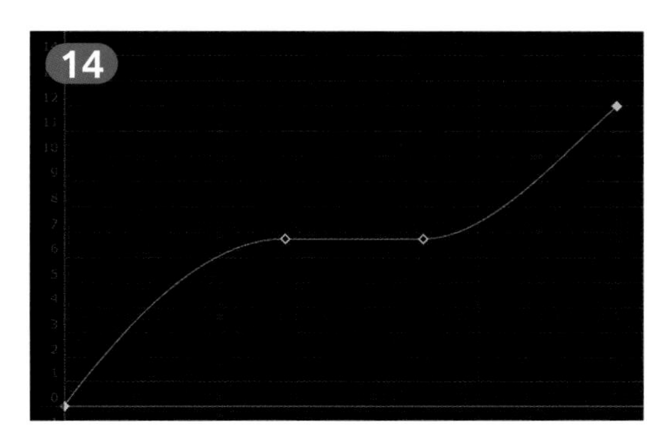

途中で一時的に止まり、
その後再び進み出す動きのカーブ

カーブの最初のうちは一定速度で進んでいますが、途中で速度が落ちて停止します。しばらくすると再び動き出し、元の速度で進んでいきます。

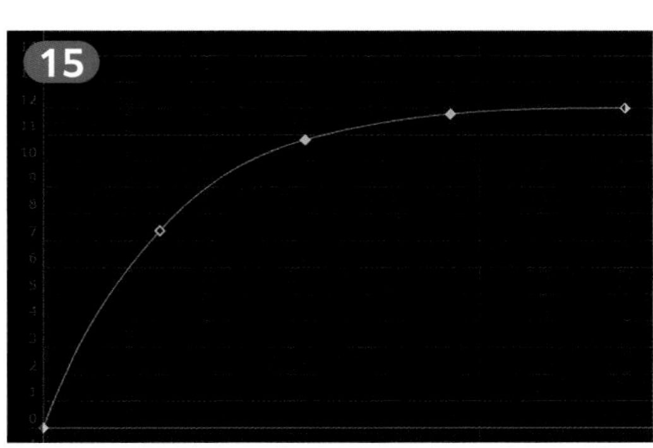

段々とスピードが遅くなり、
最後は停止する動きのカーブ

カーブは時間に対して移動量が段々と少なくなっているので、速度が落ちていきます。最後のキーの接線は表示されていませんが、水平になっている事が分かると思います。結果、最終的に停止したと考えられます。

問題3の解答

カーブは徐々に縦軸の値が大きくなり、中央部分からは逆に値が小さくなり、元の値に戻っています。結果、動きもスタート地点に戻っていると考えます。今までと大きく違うのは、方向が変わるところ（キー）のカーブが鋭角に折れている事です。進行方向が急に逆へ変わったと考えられます。テニスの壁打ちのようにボールが壁に当たって跳ね返ってくるようなアニメーションだと、このように途中でカーブが鋭角になるのです。停止状態がなく、逆方向へ反転する動きです。分かりましたか？

アニメーションカーブの編集・修正

それでは、ボールのバウンドアニメーションのカーブを再度確認してみましょう。キーの問題ではなく、途中のカーブに問題があるという考えで修正を行ないます。カーブの角度がきつい程速度が速く、水平になっていれば止まっている状態でしたね。

16では、キーの接線を表示しました。接線は全て水平になっています。見た目上このカーブに水平な部分はないのですが、接線が水平になっているため、方向が切り替わる際に停止している瞬間が存在するという事になります。結果、頂点と地面に近づくにつれスピードが落ち、フワフワと浮遊するようなアニメーションになってしまったのです。

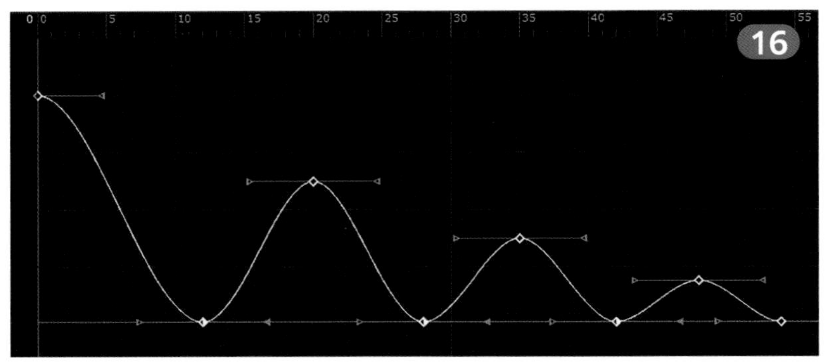

キーを打った部分の接線を表示したグラフ

放物線を思い出してください。正しいアニメーションとしては、地面に衝突するところで最もスピードが速くなっていました。振り子の運動の時は、3DCGでも問題なく綺麗なアニメーションを制作してくれましたが、ボールのバウンドアニメーションは上手くいっていません。振り子とボールのバウンドでは何が違ったのでしょうか？

一般的に生物や物体が自律的に動く際は、止まっているところからだんだんとスピードが速くなり、止まる前には遅くなります。このような動き方を「スローイン・スローアウト」と呼びます。そのため3DCGソフトが作成するアニメーションは、スローイン・スローアウトを前提に調整されています。

振り子の場合には、行きと帰りで方向が切り替わる時に、1度停止する瞬間があります。これはスローイン・スローアウトそのものといってよいでしょう。しかしボールのバウンドはどうでしょうか。ボールが地面に当たって跳ね返る瞬間、方向は切り替わりますが、スピードの変化はほとんどありません。これはスローイン・スローアウトとは全く違う動きです。つまり3DCGソフトが作成するアニメーションは、振り子の運動には合っていましたが、ボールのバウンドアニメーションには向いていなかったのです。

それでは実際にカーブを修正して、正しいアニメーションを作成していきましょう。

アニメーション カーブの修正

Q2の手描きアニメーションの解答（P13）は、17のような動きでしたね。地面と接触している部分の接線の角度を変更してカーブを鋭角にし、上下移動のカーブを放物線と同様の形状に変更します18。上下方向のアニメーションはこれで修正できました。

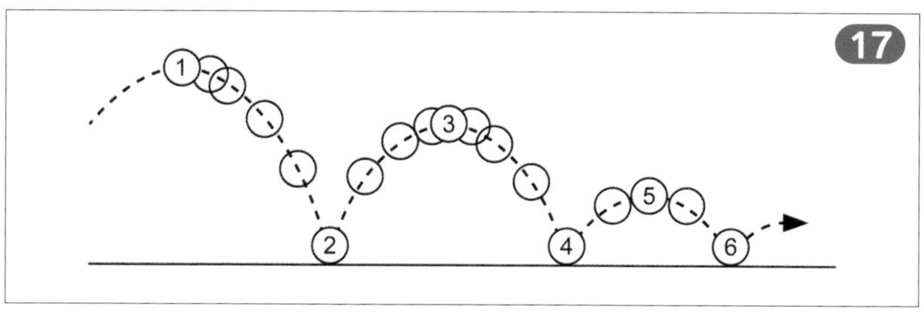

バウンドするボールのアニメーションの回答例

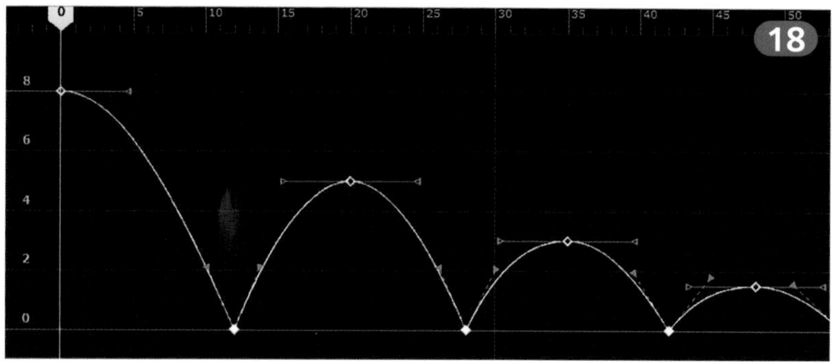

接地部分の接線を正しい方向に修正したグラフ

スローイン・スローアウトの調整

進行方向の移動のカーブをもう1度見直してみましょう。先程説明したように、3DCGソフトはスローイン・スローアウトが初期設定されているため、最初と最後のキーの接線は水平になっています。ボールのバウンドアニメーションは、このままでよいのでしょうか？

ボールはどこからか飛んできて、さらに先に進んでいきます。最終的には転がって止まる事でしょう。今回作成したアニメーションはその途中の動きを切り出したものです。最初と最後、どちらも静止しているわけではないので、水平の接線はふさわしくない事になります。

それでは正しいアニメーションになるように、最初と最後のキーの接線の角度を、前後のキーと同じになるように修正しましょう。元のカーブが19で、修正後が20です。これで進行方向のカーブの修正は完了しました。

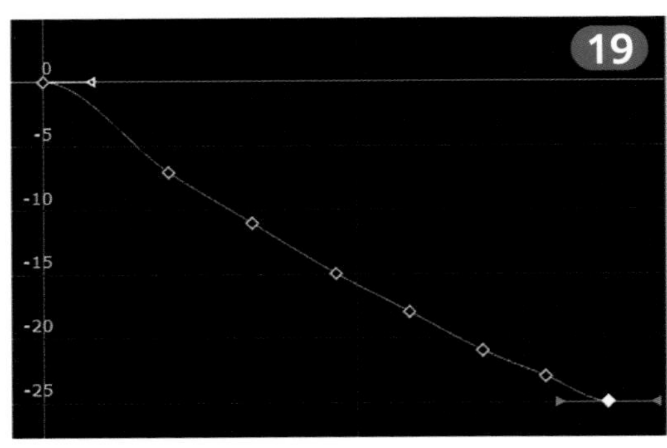

最初と最後のキーの接線が水平

接線の向きを次のキーの方向に修正

中間のキー

最後に再度カーブの状態を確認しましょう。途中のキーは確認していませんでしたが、このままでよいのでしょうか？　作成したアニメーションのカーブが綺麗になっているとは限りません。凸凹のあるカーブが作成されているかもしれません。またカーブの角度も実際のアニメーションと照らし合わせて調整する必要があります。

ボールがバウンドするアニメーションの、正しい横方向の移動カーブを知っていれば、作業はよりはかどります。まずボールを平らな床の上で転がし、止まるところまでのアニメーションを考えてみましょう。結果は21のようなカーブとなります。段々と速度が落ち、最終的にゆっくりと停止するカーブです。この動きは理解できますね。

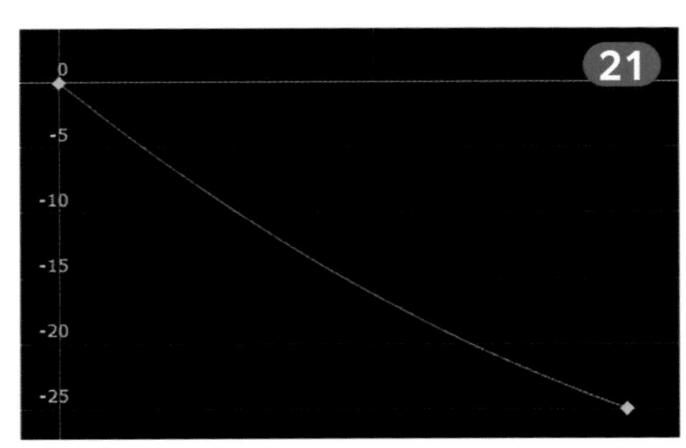

途中のキーをすべて削除したグラフ

それでは、バウンドする場合は？　実は上で説明した、床にボールを転がしたアニメーションと考え方は一緒なのです。なぜ？　と疑問をもった方も多いかと思いますが、次のように考えたらどうでしょうか。

「ボールが転がっています。移動速度を変えないように上下運動を加えたらどのような動きになるでしょう？」

ほら、ボールのバウンドアニメーションが見えてきませんか？　ボールが転がる場合、ボールのもっている力学的エネルギーが床との摩擦力によって段々と小さくなる事で速度が落ち、最終的に停止します。バウンドする場合も、横方向の移動のみを取り出してみれば、最初にもっている力学的エネルギーはボールが床に当たる度に減少し、結果的に速度が落ちていきます。厳密に見れば、転がる場合と速度の落ち方は違うのですが、人の目ではそこまで判別できません。以上から、床との衝突を無視して、徐々に速度が減少していくというカーブで問題はないのです。

バウンドアニメーションの最終調整

それでは、進行方向のカーブの最初と最後のキー以外を削除し、なめらかなカーブに修正していきましょう。カーブを調整した結果が22です。作成したバウンドアニメーションの動き23を見ると、ボールは綺麗な放物線に沿って移動している事が確認できます。このように動きを軸方向に分けて考える事で、より効率的にアニメーションを作成できるようになるのです。

いかがでしたでしょうか。3DCGでアニメーションを作成する場合、3DCGソフトの癖を知りつつ、カーブを確認しながら調整する必要がある事を理解できたと思います。

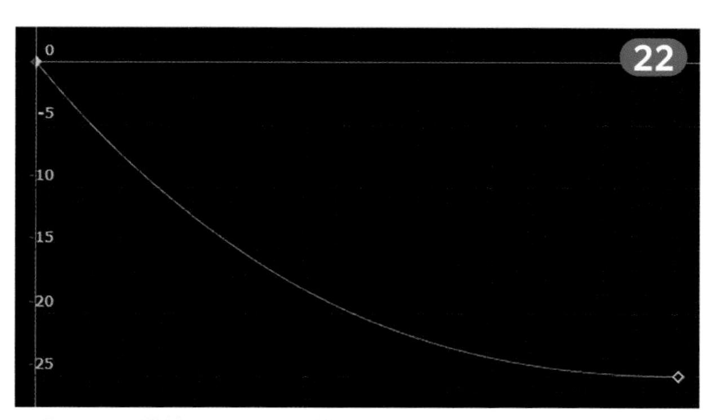

最後のキーの接線を水平にして停止させた水平移動のグラフ

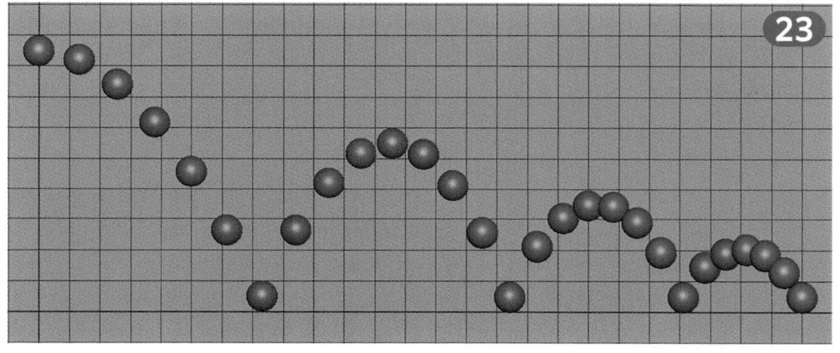

正しく修正されたボールのバウンドアニメーション

壁に当たって跳ね返るボール

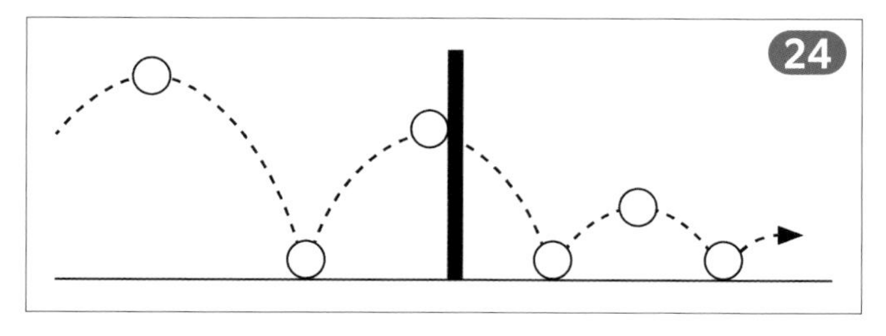

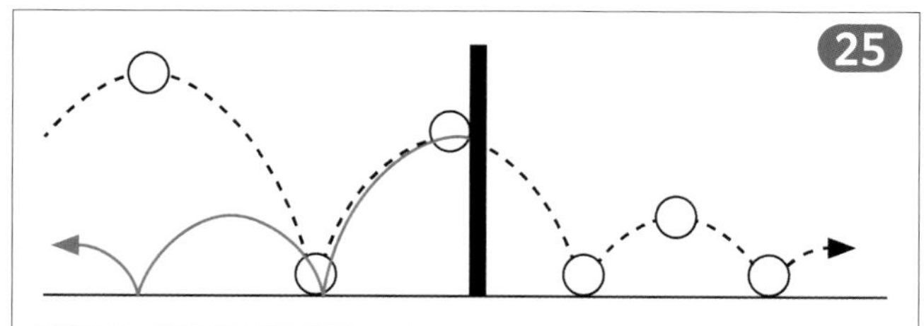

バウンドアニメーションの基本的な動きを理解したところで、応用として24のように進行方向の途中に壁を立ててボールが当たる事を想定したアニメーションを考えてみましょう。25の赤い矢印のように、壁に当たった後の動きを左右逆にするだけで、ボールが壁に当たったアニメーションが完成します。

アニメーション カーブの確認

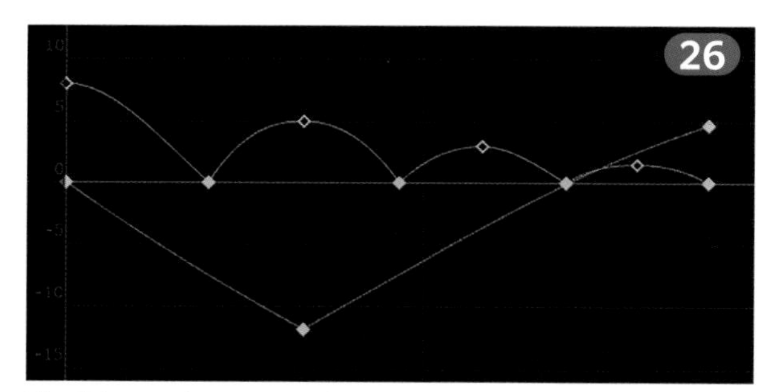

壁で跳ね返るボールのカーブ

26は変更を行なったカーブで、緑色のラインが上下方向、青色のラインが進行方向です。上下方向の変更は行なわず、移動方向のみ編集している事が分かると思います。

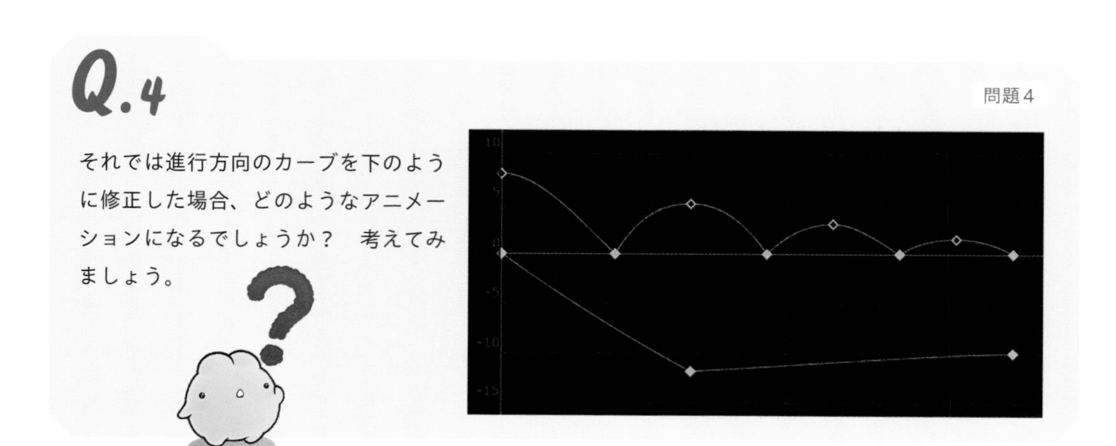

それでは進行方向のカーブを下のように修正した場合、どのようなアニメーションになるでしょうか？　考えてみましょう。

A.4

問題４の解答

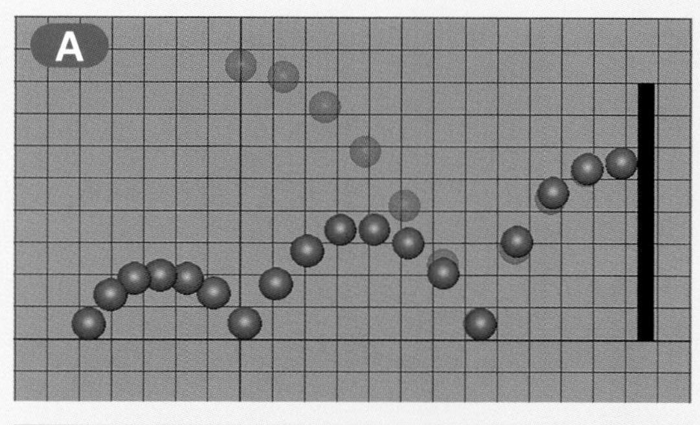

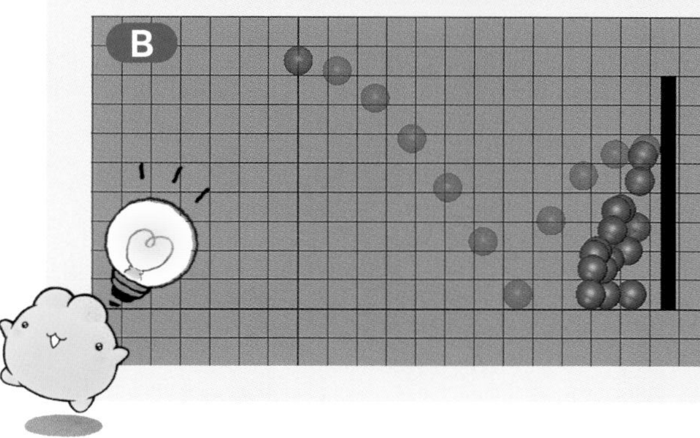

Aが修正前のアニメーションで、Bが修正後のアニメーションになります。「壁がゴムやスポンジのようにとても柔らかかった場合のアニメーション」が答えです。いうなれば壁にボテッと当たってボールの動きが止まってしまった感じです。それでも床の固さに変化はないので、その後も壁の近くでバウンドだけは同じようにしています。動きを想像できましたか？　進行方向の移動速度を調整するだけでこんなにも動きは変わるのです。

3DCGソフトによるアニメーションの補間方法

3DCGではキーとキーの間をどのように補間（計算）しているのでしょうか。実は様々な補間方法があり、ソフトウェアによって異なります。あらかじめ自分が使う3DCGソフトが、どのような補間方法を用いているかを理解していれば、その後の修正が楽になります。1つの例としてMayaによる補間方法を確認してみましょう。

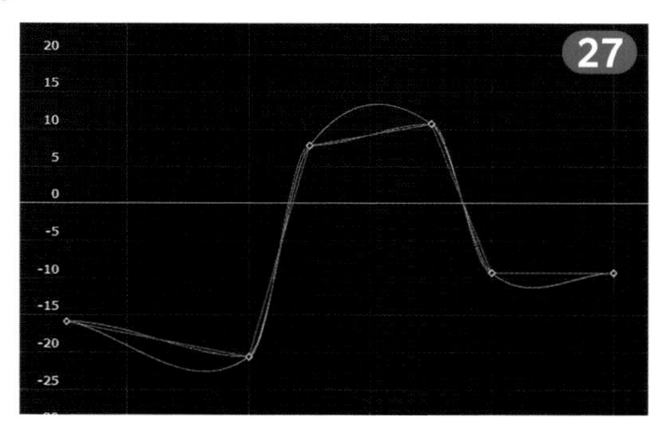

Mayaの場合には「スプライン」、「リニア」、「クランプ」、「ステップ」、「フラット」、「プラトー」、「自動」といった補間方法が用意されています。27はスプライン、リニア、フラットの3種類のカーブを重ねて表示したものです。全て同じキーですが、途中のカーブが変化している事が確認できます。

各ソフトウェアでは、Mayaでいうところの「自動」にあたる使いやすい補間方法を初期設定としているはずですが、必要に応じて切り替えた方が効率が上がる場合があります。そのためここでは最低限理解しておくべき「スプライン」、「リニア」、「ステップ」、「フラット」の4種類の特徴を説明します。どの補間方法もキーの部分の接線の方向で次のキーへの繋がり方をコントロールしているので、表示している接線の向きをよく見て理解してください。

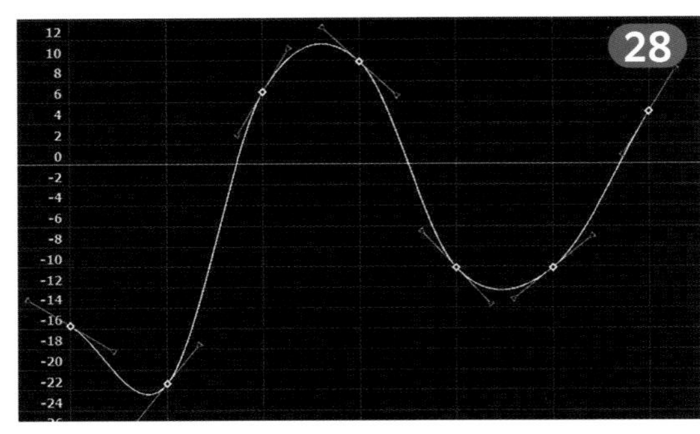

スプライン

全ての基本となる補間方法です。全てのキーをなるべく滑らかに繋ぐように補間するため、途中で静止する部分がありません。キーの値を越えるところが出てくるので、例えば歩いている足が床にめり込むような事もあります。

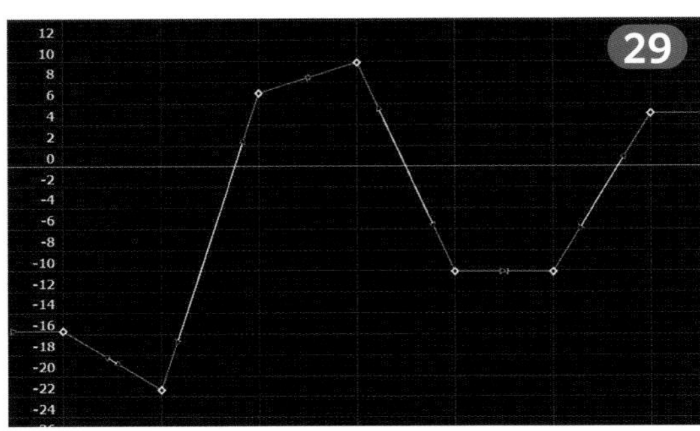

リニア

全てのキーを直線的に繋ぎます。動きとしては硬い動きになります。

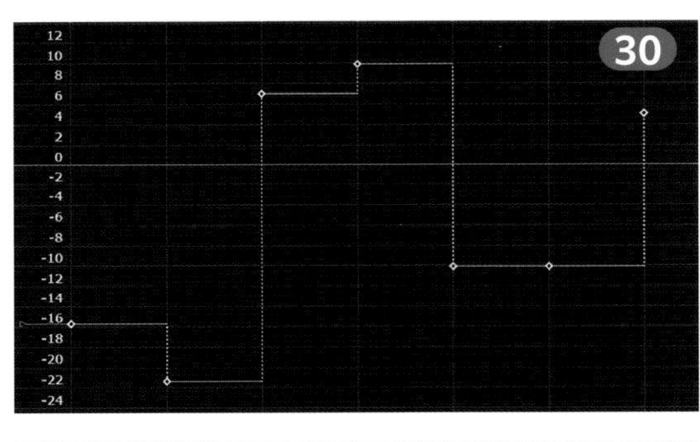

ステップ

次のキーのフレームまで同じ値を維持します。スイッチのON／OFFなどで使用しますが、移動で使用すると瞬間移動のように見えます。

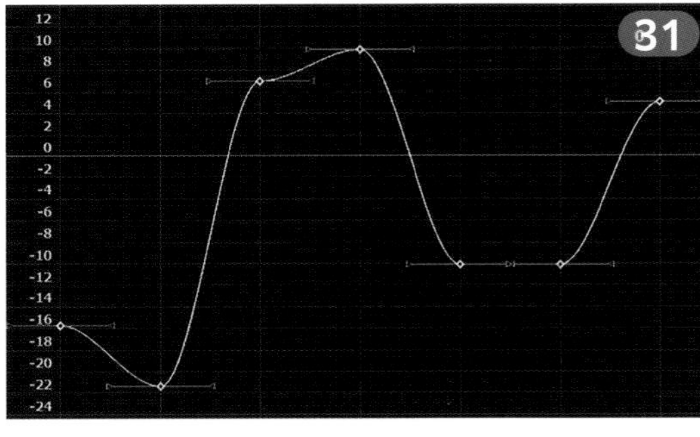

フラット

全てのキーの接線を水平にします。結果的にキーのところで1度停止します。

このようにグラフを見ると、何らかの計算によってキーフレームアニメーションというものが成り立っている事が理解できてきたのではないでしょうか。

ここまでの内容で、3DCGアニメーションの基本的な知識は得られたと思います。次章ではキャラクターアニメーションの基本的な考え方を学びましょう。

3章

キャラクターアニメーション

いよいよキャラクターアニメーションの作成です。と言いたいところですが、最初は3DCGのキャラクターの動かし方と、操作方法を確認しましょう。人の身体には関節や筋肉があり、部位によって動かし方が変わります。また身体の重さも動きに影響を及ぼしています。ここで身体の動かし方の基本をしっかり身につけましょう。

アニメーション用3Dモデルの構造

人類など骨格のある生物は、基本的に硬い骨と筋肉、そして臓器によって身体が構成されており、動きは筋肉を収縮させ、関節を曲げる事により得られています。3Dモデルの場合はスキンと呼ばれる外形を作成し、その中にボーンやジョイントと呼ばれる骨格を入れてスキンと関連付けを行ない、その骨格を動かす事で外形のスキンも一緒に動くようになっています。

リアルな腕の3Dモデルで見てみましょう。01の緑色の細い骨のようなものがボーンで、ボーンの形状に合わせてスキンが変形している事が確認できます。

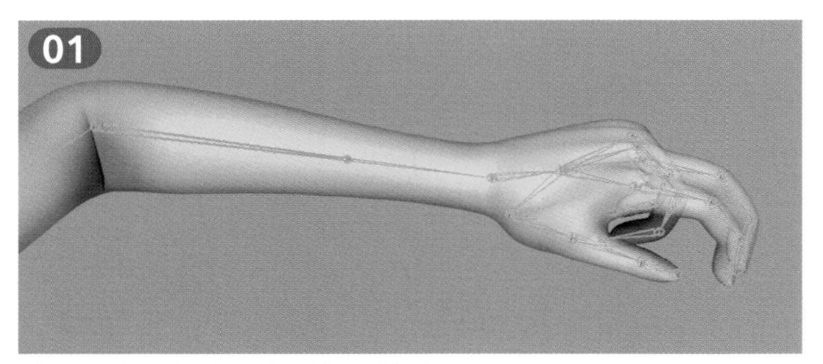

ボーンとジョイントでポーズをつけた腕

手を振るアニメーション

最初に手を振るアニメーションを考えてみましょう。肩の関節を曲げて左右に動かせば完成？　そんな事はないですよね。肘も曲げた方がよいでしょうし、手首も動かした方がよいでしょう。実際の操作として難しいところはありません。それぞれの関節を左右に動かせば、02のようなアニメーションを作成できます。

このように3DCGでは、3Dモデルの関節を移動、回転させる事により、アニメーションを作成します。

手を振るアニメーション

頭を掻くアニメーション

続いては、頭を掻く動作を作成してみましょう。まず腕を上げ、肘を曲げて手を頭に当てます。届かなければ肩も回転させましょう。これで最初のキーポーズができたとします。しかし作成するのはアニメーションですから、次のキーポーズも考えなければなりません。肩を動かすと手が頭から離れてしまうので、肘を回転させて位置を調整し、思った位置にいかなければ再度肩を動かして……と、意外と手間がかかります。しかも実際に頭を掻くという動きは、03の赤い矢印のように直線運動にならなければなりません。これを肩の関節と肘の関節、そして手首の関節という3つの関節を回転運動で制御する事を考えると、ちょっと頭が痛くなりますね。

実際に人が動く時はこのような事を考えていません。関節の角度を意識する事なんてないはずです。頭が痒いのでそこに手をもっていって掻くだけの事です。それでは、3DCGのアニメーターはどのようにアニメーションを作成するのでしょう？

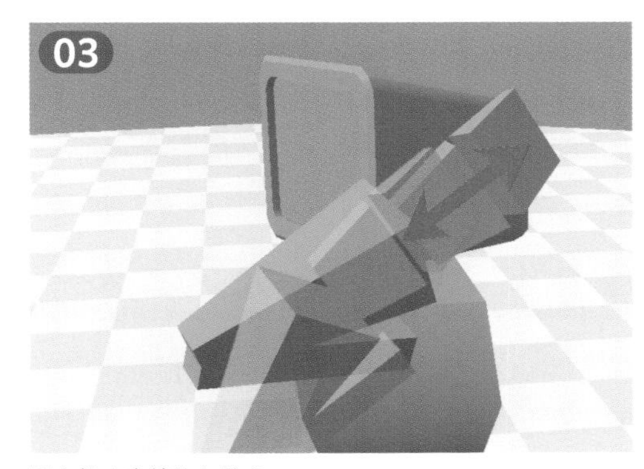

頭を掻く直線的な動き

FK(フォワードキネマティクス)

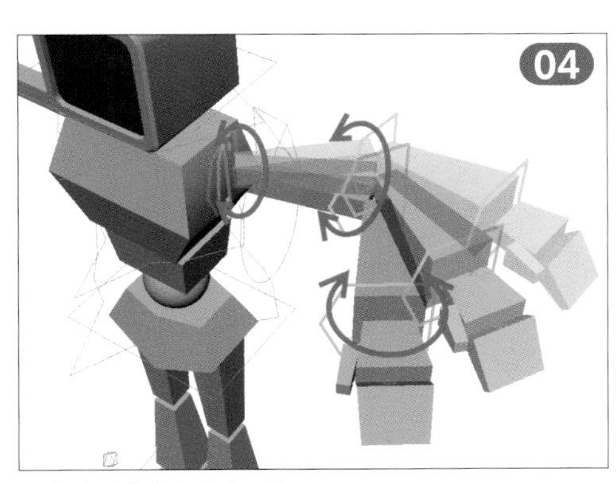

FKによる動きのイメージ

初期の3DCGアニメーションは、04のように関節の回転を行なう事しかできませんでした。関節の回転だけでアニメーションを制御する事を、フォワードキネマティクスと呼び、一般的にFKと略します。

IK(インバースキネマティクス)

手首など、関節の先の方を動かす事により、アニメーションを制御する方法をインバースキネマティクスと呼び、一般的にIKと略します05。この方法を使えば、手首を頭に沿わせて動かすだけで肩と肘の角度が変化し、コントロールを簡単に行なえます。

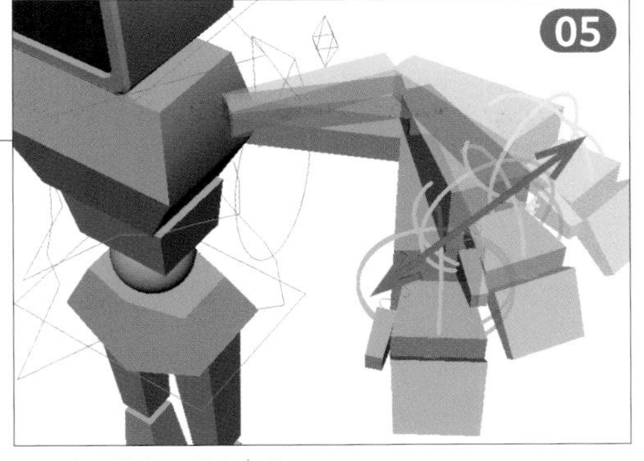

IKによる動きのイメージ

Q.5

問題5

Aは FK でつけた手を振るアニメーションで、Bは IK でつけたアニメーションです。どこが違うでしょうか？

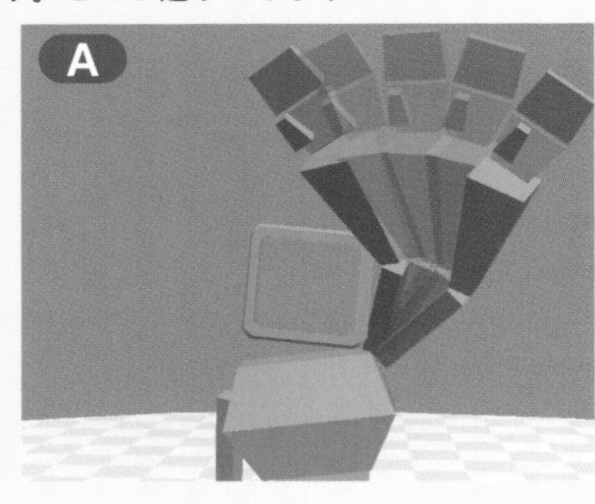

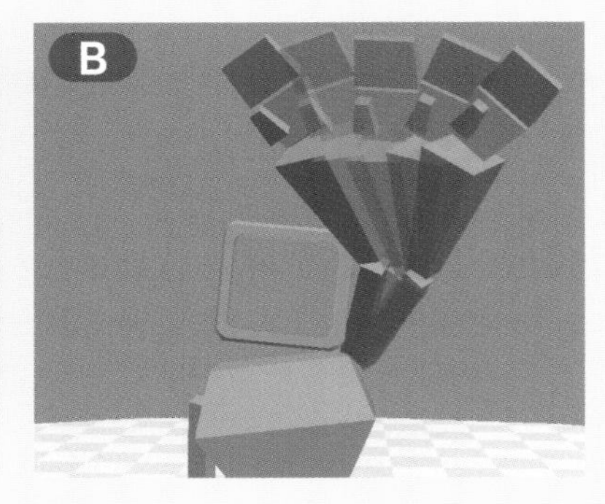

IKによる間違ったアニメーション

IKを用いて最初と最後のポーズのみを作成すると、手の動きが直線になってしまいました。これは2つのポーズの間を3DCGソフトが直線的に補間した結果です。手を振るのではなく、手の位置の変化を見ているだけなので、このようなアニメーションになってしまったのです。手首の角度が変わっているためそれなりの動きに見えてしまい、気がつかない事も多いようですが、仮に手首の角度を固定すれば、まるで窓拭きを行なっているようですね。

もちろんここで動きが変だと感じ、中間の正しい位置にキーを追加すれば、正しいアニメーションに修正する事ができるので、IKで動きをつけたらいけないというわけではありません。このように単純な動きをさせる場合には、FKでアニメーションを作成した方が速く綺麗な動きになる場合が多いのです。

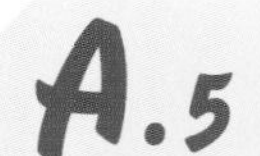

A.5

問題5の解答

手のアニメーションに注目してください。IKでつけた方Bは直線運動になっています。手を振るというアニメーションで考えると、IKでつけたアニメーションは不自然になってしまうのです。

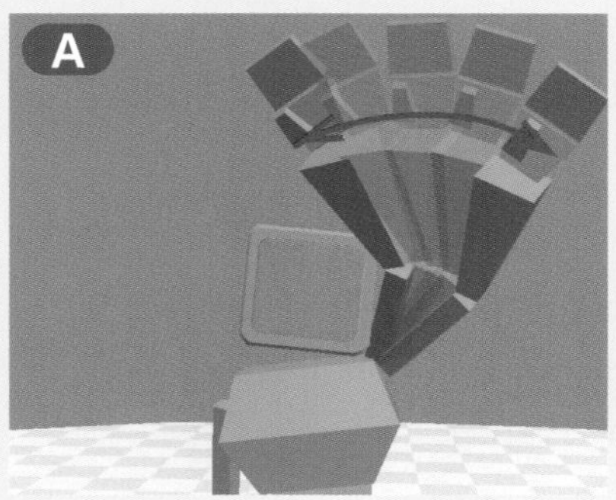

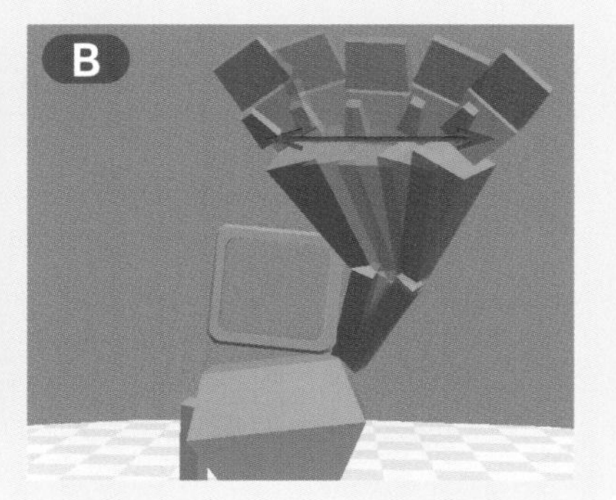

見落としがちな肘の角度

もう1つIKで注意しなければならない事があります。肩と手首の中間にある肘はどこにあるのでしょうか？　身体の真横、少し前、それとも後ろ？　実際に動いてみて自然な場所を確認し、そこに動かす必要があります。残念ながら現在の3DCGソフトは、どこが正しい位置なのか判断できる程賢くはありません。そこはアニメーターが自分で調整する必要があるのです。

06は肘の向きが違う2種類のポーズです。どちらが正しいかひと目で判断できる人は少ないのではないでしょうか。

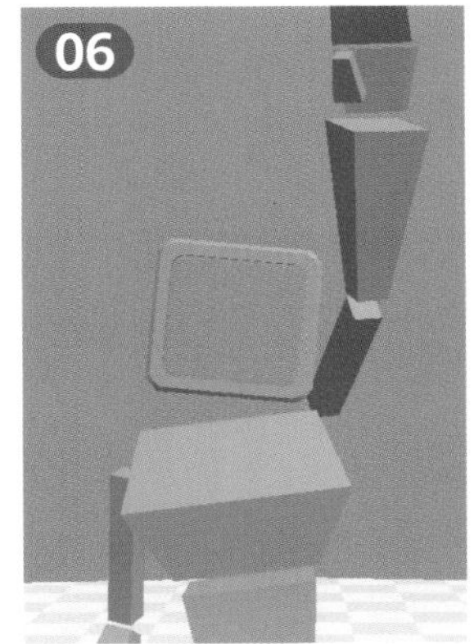

手を振る際の肘の向き

手を振る際の肘の向き

実際に手を上げて確認してみましょう。意外な事に手を挙げてみる前に考えても肘の向きまでは分からないものです。正解は06のように手のひらを正面に向けると肘が軽く前を向きます。しかし3DCGで動きをつけると07のように肘が後ろ向きになってしまう場合が多いので注意してください。

一般的に「気をつけ」の初期ポーズで手を下げた状態では、肘が後ろを向いています。横から手を挙げると肘はそのまま後ろを向いたままです。その後手のひらを回して正面に向けると、横から見た時に08、09ようなポーズとなります。肘が後ろにある09は、ポーズとして無理がある事が確認できます。普段、人は肘の向きなど気にしないのですが、アニメーターはこのような部分まで気を遣わなくてはならないのです。

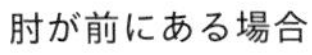

肘が前にある場合

肘が後ろにある場合

このように手を振る時だけでなく、3DCGでは様々なポーズにおいて肘の位置と向きが非常に重要になります。実際に自分の腕を動かして確認する事が大切なのです。

柔らかい自然な動き

前項で作成したアニメーションも、このままでは動きが硬いと感じてしまいます。なぜかというと、人の腕の関節は肩から肘、手首へと繋がっていて、常に同時に動くわけではないからです。今回のアニメーションの場合は、肩、肘、手首の順番に少し動きを遅らせる事により、柔らかい自然なアニメーションを作成できます。

10は下から肩、肘、手首の回転のカーブですが、全て同じタイミングでキーが打ってあります。11はそれを編集して、肩、肘、手首の順に少しずつ遅れて動くようにキーを横軸方向へ移動したもので、12は修正されたアニメーションです。このように先端にいくに従ってキーを遅い方にシフトさせる事で、動きの柔らかさを表現できます。これはこれで1つのテクニックですが、何の確認もせず使ってよいものではありません。

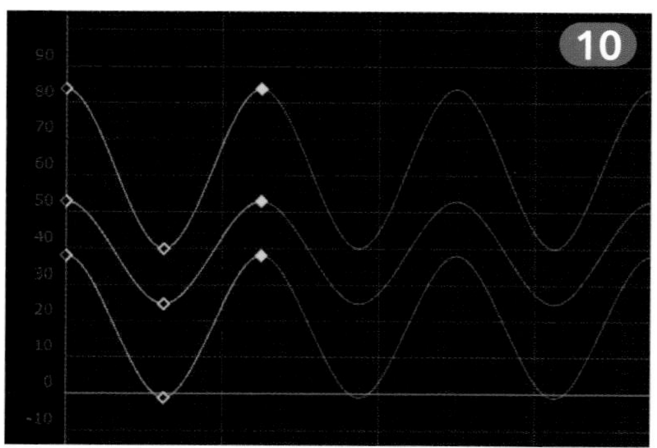

同じタイミングで打たれたキー

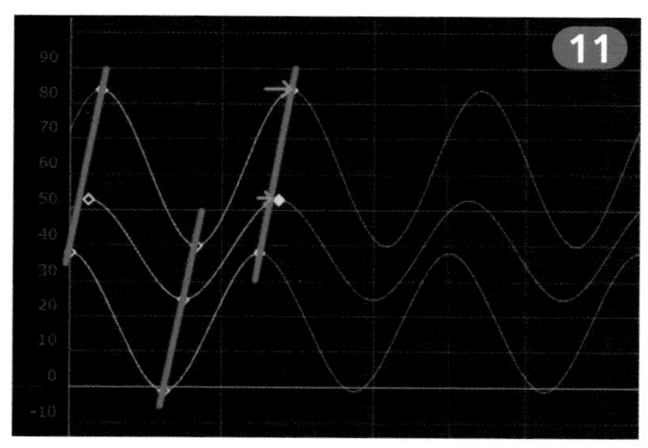

タイミングを調整したキー

実際には「このくらい遅れた方が気持ちよい動きになる」というタイミングがあり、最初からそのように動きをつけるべきものです。後から動かせば何とかなるという考えではいけません。また、遅らせる量もこれといった決まりはなく、その都度状況によって変化します。
3DCGは、手描きのアニメーションでは描き直さなくてはならないところを、後から編集で修正できるという点で、大きなアドバンテージをもっているといってよいでしょう。

柔らかなアニメーションとなった動きの軌跡

想像力とアニメーション

さて、手を振るアニメーションは作成できましたか？　上手くできたと安心するのは少し早すぎます。というのも、キャラクターによって動きには大きな差があり、また状況に合わせてアニメーションを作り分ける必要があるためです。

例えば、男の人であれば力強く手を振り、小さな女の子であれば可愛らしく手を振ると考えて、13や14のようなアニメーションを作成したとしましょう。それはそれで正しい考え方ですが、実際にはどうでしょうか？

大人の男の人が手を振る状況は少なそうですが、手を振らなければならない時になったら一気に両手をブンブン振り回すくらいしそうです。小さな女の子であれば、ピョンピョン飛び跳ねながら手を振るかもしれません。どのような状況で、どのような性格のキャラクターが手を振るかによって、同じ動きでも大きく変わってきます。そのような想像力をもたなくては、よいアニメーションを作成する事はできないのです。

男性が手を振る動きの例

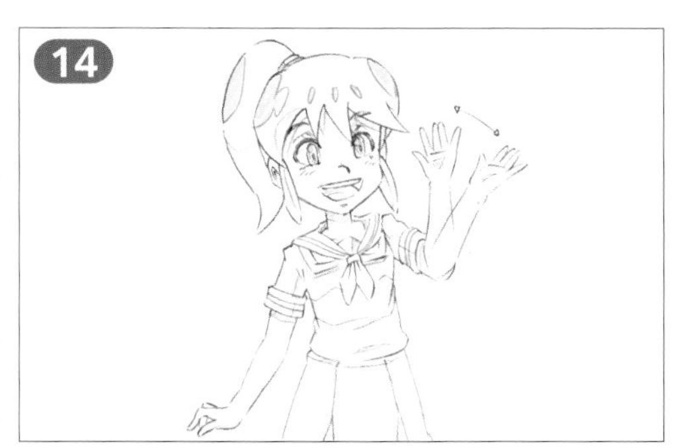

女の子が手を振る動きの例

アニメーションとコントローラ

3DCGの場合、アニメーターはキャラクターの3Dモデルを使用してアニメーションを作成します。本章の冒頭で触れた通り、3Dモデルの中にボーン・ジョイントと呼ばれる骨格のような仕組みを作り、それらを動かしてアニメーションさせます。ボーンは3Dモデルの中にあり選択しにくいので、外側にボーンを動かすコントローラと呼ばれるものを作成し、操作時はボーンを表示させないように設定します15。このような、3Dモデルに対する設定をリギングやセットアップといいます。コントローラでポーズをつけた例が16です。

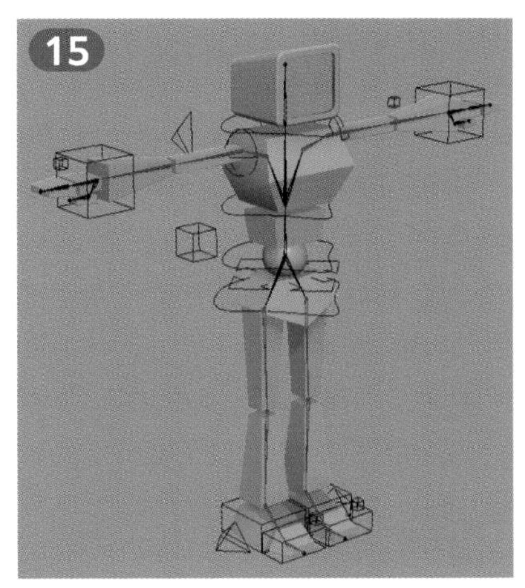

3Dモデルとコントローラ

コントローラを動かしてポーズを作った例

重心とキーポーズ

歩きと走りの動きに入る前に「お辞儀」の動きについて考えてみましょう。アニメーションとしては簡単ですよね？　腰を曲げて頭を下げればお辞儀になります。しかしこの単純なアニメーションの中にも、覚えなければならない事がたくさん詰まっているのです。

手描きアニメーションのお辞儀

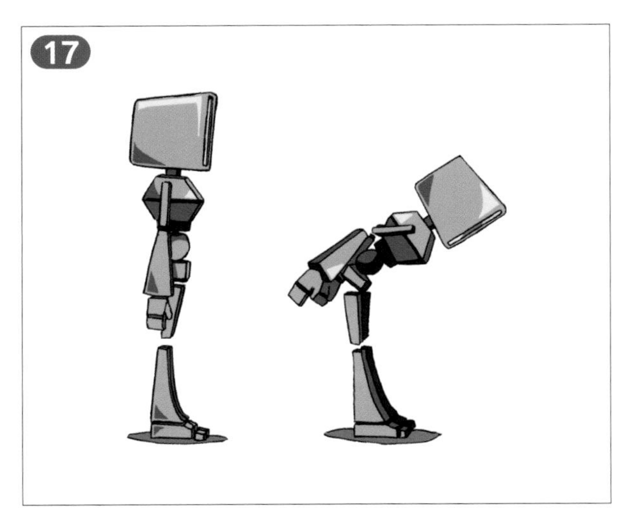

気をつけの姿勢（左）、お辞儀の姿勢（右）

今回も最初に手描きのアニメーションを見ながら動きを確認してみましょう。手描きのアニメーションでは、17のような原画を描きます。

3DCGアニメーションのお辞儀

手描きと同様に、3Dモデルで頭を下げたお辞儀の姿勢を作成し、キーを打ってみましょう。

問題6

3DCGでキャラクターにお辞儀をさせると左のようなポーズを作る人が多いのですが、この姿勢には問題があります。どこが間違っているのか指摘してください。

A.6

問題6の解答

ただ腰を曲げて頭を下げただけでは重心が爪先より前にいってしまい、
身体は前に倒れてしまいます。

×重心の位置が爪先より前にある

○重心の位置が足の中央にある

人は無意識にバランスを取っています。お辞儀をするために「腰を曲げる」、「頭を下げる」、「腕の向きを変える」など、1つ1つの動作を考えながら身体を動かしているわけではありません。このような無意識の身体の動きを理解する事がアニメーションの第一歩となります。

試しにピッタリと壁に背中をつけて立ってみましょう。そのまま、お辞儀をしてみてください。すると腰を後ろに出す事ができないため、倒れそうになって1歩足が前に出てしまうはずです。Q6の解答の作例（右）のように腰を後ろに下げ、重心を足の上にもってこなくては、お辞儀はできません。

手描き、3DCGにかかわらずアニメーション初心者の場合、腰だけを曲げて重心がずれていても疑問をもたない事があります。「お辞儀をする」＝「腰を曲げて頭を下げる」という形だけに囚われずに、重心のバランスを取るところまで意識するようにしましょう。

椅子から立ち上がるアニメーション

次は椅子から立ち上がる動きを考えます。まずは3DCGで原画にあたるキーポーズを作成します。キーポーズは18のように、座っているところと立ち上がったところの2ヶ所で十分でしょう。この2つのポーズで重心も問題ありません。……と思って2つのキーポーズだけでアニメーションを作成すると、3DCGソフトの補間結果は19のようになってしまいました。

今までの話の流れから、このアニメーションがだめな事は分かると思います。実際に試してみると、重い上半身をこのように何の手助けもなく足の力だけで持ち上げる事は不可能です。しかし人は苦労なく立ち上がっています。どのような動きをしているのでしょうか。

簡単な実験をしてみましょう。協力者に頼んで椅子に座ってもらいます。協力者の額に手を当て、頭を腰より前に出せないようにし、そのまま立ち上がってもらってみてください。人は頭を腰の位置より前に出さないと、立ち上がる事ができないと確認できるはずです。

座っているポーズ　　立ち上がったポーズ

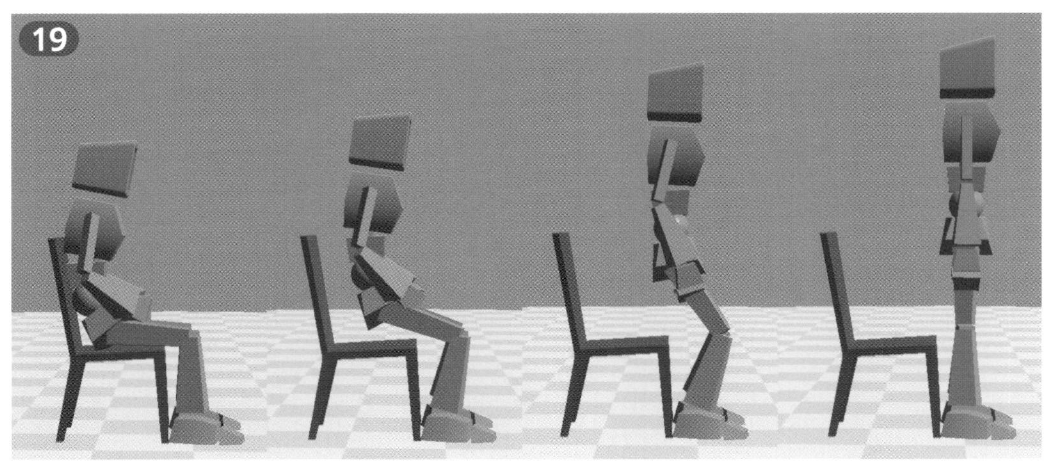

座っているポーズ　　補間①　　補間②　　立ち上がったポーズ

重心の移動

上半身の中で、頭は最も重い部位の1つです。それをぐっと勢いよく前に出すと、その勢いで腰が浮いて身体が前に出ようとします。この力を使って腰を上げ、重心を足の上に移動させ、そこから立ち上がる、というのが一般的な立ち方です。前項の実験のように頭の動きを制限してしまうと、人は思うように立ち上がる事ができなくなってしまうのです。

それでは、20のようなキーポーズを中間に作成してみましょう。先に述べたように、このポーズは腰を中心にして頭を勢いよく前に出し、腰が少し浮いたところです。そこに立ち上がる時の補助として、手を膝に当てています。このようなキーポーズを1つ追加するだけで、3DCGソフトは21のように間の動作を補間し、アニメーションを仕上げてくれます。人は複雑な動きを無意識に行なっていますが、残念ながら3DCGソフトはそのようなところまで理解してくれません。アニメーターは3DCGソフトの癖を理解して、キーポーズを作成する必要があるのです。

手を膝に当てて立ち上がる中間ポーズ

立ち上がるアニメーションの連続した動き

問題7

立ち上がる際の中間のキーポーズをいくつか作成しました。このキーポーズは正しいものなのでしょうか？　また正しい場合には、そのキーポーズを中間に入れる事によってどのようなアニメーションになるかを答えてください。

問題7の解答

答えとしてはどれも正しいキーポーズです。個別にどのような動きか紹介していきます。

A 1度前に腰をずらしたキーポーズ

椅子に手を当てて椅子の前端まで腰を動かしてしまえば、重心が足の上近くまで移動します。そうすると最小限の身体の前傾だけで立ち上がる事ができます。膝や腰への負担が小さい動きなので、お年寄りが立ち上がるアニメーションとして設定しやすい内容です。

B 1度足を振り上げ、身体を後ろに反らしているキーポーズ

おなかを抱えて笑っているわけではありません。このように1度足を振り上げて勢いをつければ、その反動で簡単に立ち上がる事ができます。元気な子どものアニメーションの例といえます。

C 足を椅子の下に入れるキーポーズ

重心を移動するのではなく、支える足をあらかじめ重心の下にもっていく方法です。一般的な立ち上がり方ですが、このまま立ち上がると椅子が後ろに動いてしまいます。そこで、少し椅子が傾いたところで1歩前に出る、といった動作が必要になります。

D 横を向いて椅子に手を着き、その腕に重心を乗せたキーポーズ

片手を椅子に置いて重心を乗せ、その手を支点にして立ち上がります。キーポーズ自体が女性的に見えると思いますが、ゆったりと優雅に立ち上がるアニメーションになります。

このように同じ動作をする場合でも、状況や年齢、性別、性格等によって、人は異なる動作を行ないます。アニメーターは自分が動かすキャラクターに応じたアニメーションを考えて作成しなくてはならない事を覚えておいてください。

椅子に座るアニメーション

続いて「座る」という動作を考えてみましょう。先程の「立つ」の逆にすればOKだなんて言っている人はいませんか？

下に典型的な例を載せておきます。同じ前傾姿勢ですが、立ち上がる時とは重心のもっていき方が全く違います。いわゆる屁っ放り腰になっていますね。22のように膝を曲げ、そっと腰を下げてお尻を椅子に近づけて軽く後ろに重心を移動すれば、最小限の衝撃で座る事ができます。人はお尻が痛くならないように、そっと座ろうとするものです。

23は立ち上がる時のキーポーズですが、こちらは上半身を前に出し、腰を浮かせています。こうして比較すると、立ち上がるアニメーションと違う事が分かります。

座る時の中間ポーズの例

立ち上がる時の中間ポーズの例

問題8

椅子から立ち上がるアニメーションでは中間のキーポーズをいくつか用意しました。今回は自分で状況やキャラクター性を考えて、椅子に座るキーポーズを描いてみましょう。

A.8

問題8の解答

例としてキーポーズを1つだけ紹介します。どのような状況のキーポーズだと思いますか？　人は後ろが見えないので、座る時に不安を感じる場合があります。そのような時はちょっと後ろを確認しながら片手で軽く触れて確かめる動作が入ります。小学生の時など、着席時に椅子を友だちに引かれて転んだ経験のある人はいませんか？　椅子の状態を確認しておけば転びませんね。

座る時に椅子を確認する例

まだまだキャラクターアニメーションという程の説明はしていませんが、立ったり座ったりという日常的に行なっている動きの中にも、アニメーションを制作する上で気をつけなければならない点がたくさんある事を理解できたでしょうか。

次の章ではいよいよキャラクターアニメーションの基本ともいえる、歩くアニメーションの解説に入ります。

自分の身体を動かしてみよう

キャラクターアニメーションを作成する場合、自分の身体で動きを確認する事は大切です。動画などのリファレンスを参考にする事も可能ですが、自分の身体を動かす事により、動画等、外から見るだけでは分からない様々な情報を得られるのです。こんな動きをするとこの部分に負担がかかる、こんな動きをするとここが痛い……など、発見がたくさあるのです。

4章

歩きと走りの
サイクルアニメーション

ここではキャラクターアニメーションの基本として、歩きと走りのアニメーションの作り方を説明します。サイクルアニメーションと呼ばれる２歩分だけ作成する方法で、出来上がった２歩分のアニメーションを必要な歩数分繰り返せば、長いアニメーションになるというものです。単純なアニメーションであれば、このような繰り返す方法を採用する事も多いのです。

まずはサイクルでの歩きと走りを習得して、様々なアニメーションに繋げられるようにしましょう。

手描きによる歩きのサイクルアニメーション

歩きの定義

歩き（歩行）とは、足（脚）をもつ動物が行なう足による移動のうち、比較的低速のものをいいます。急いで移動する場合は走りになります。そうはいっても、歩きと走りはどう違うのでしょうか？

分かりやすい例に、競歩という競技があります。競歩では走ってしまうと失格になります。走っているか歩いているかの判断は、両方の足が地面から離れる瞬間があるかどうかです。競歩とは、片方の足が地面に必ず着いた状態で歩く速さを競う競技なのです。

このように歩きと走りは絶対的な差があるのですが、アニメーションの作業としてはどのような違いがあるのでしょうか。

手描きによるリミテッドアニメーションの歩き

日本の手描きの2Dアニメーションでは、一般的に1歩分の歩きを中3枚の動画（原画2枚＋動画3枚＝合計5枚）で描きます。この動きを、右足を軸として重ねると01のようになります。今回はこの手描きアニメーションと比較しながら、歩きのサイクルアニメーション（繰り返しループするアニメーション）を3DCGで作ってみましょう。

手描きによる歩きのアニメーション

ストレートアヘッド

絵が重なっていると歩きのポーズが分かりづらいので、原画の色を赤く変えて重ならないように並べました 02 。歩きのサイクルは2歩分のアニメーションを作成し、そのアニメーションを繰り返し再生する事で、作業の効率化が図れます。原画2枚＋動画6枚で1サイクルとなり、1番右の原画は1番左の原画と同じものです。

アニメのシーンでは、歩くキャラクターを画面の中心に置いて背景を後ろに流したり、逆に背景を固定してキャラクターを右から左に移動させたりする使い方をします。

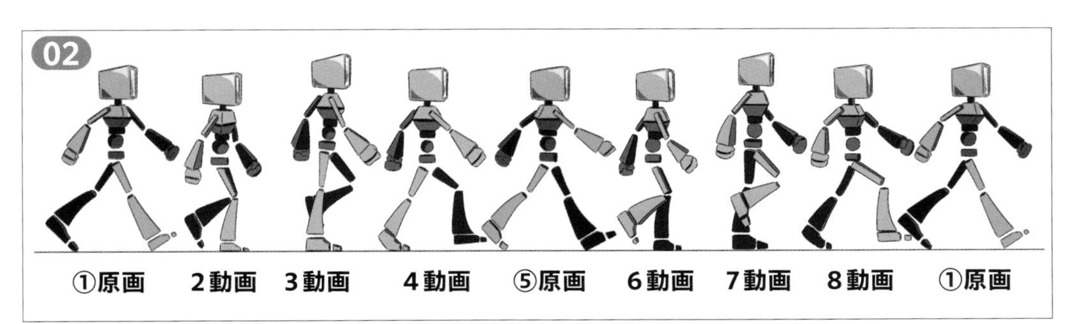

手描きによる歩きの1サイクルのアニメーション

3DCGによる歩きのサイクルアニメーション

リバースフット

人は足の爪先と踵を上下に動かそうとした時、足首を中心とした回転運動を行なっています。3Dモデルも人と同様に足首を動かしながら歩きのアニメーションを作成しますが、人と同じ足の基準点を足首に設けると、爪先や踵を上げる時に足が地面にめり込んでしまいます。そのため足首を動かすたびに足首の高さを調節しなければなりません 03 、04 。

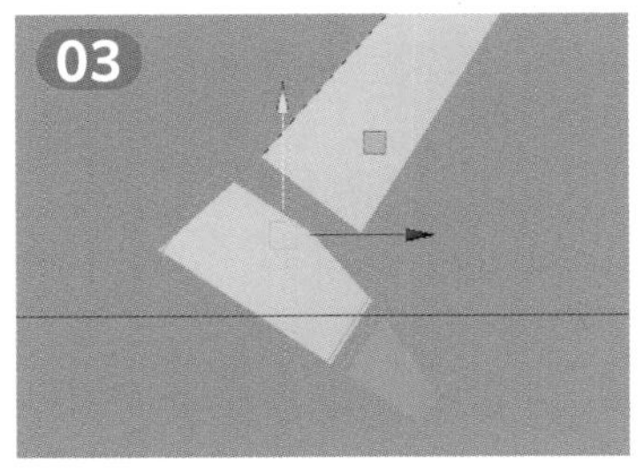

踵を上げると爪先が地面に潜ってしまう

この方法でアニメーションさせる事自体は問題ありませんが、操作は煩雑になってしまいます。その部分を改善したのが、コントローラの高さを変更せずに踵や爪先を上げ下げする動きが可能な「リバースフット」と呼ばれるリグシステムです。

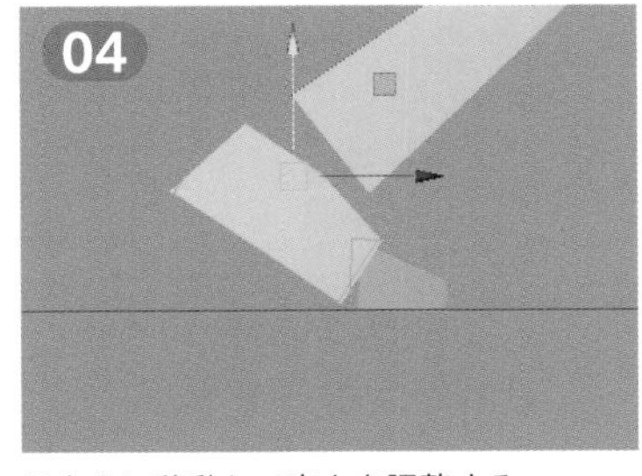

足を上に移動して高さを調整する

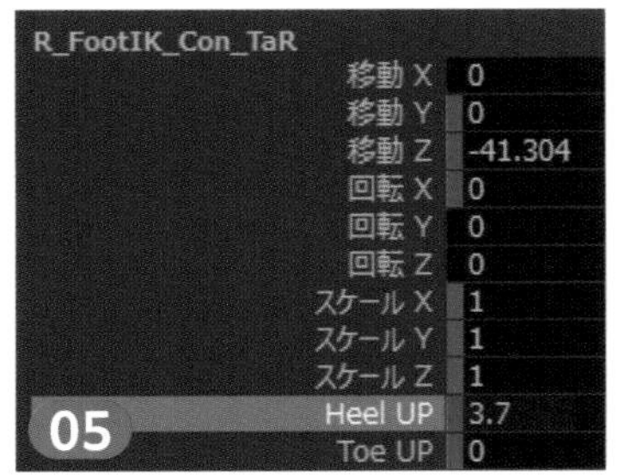

踵を上げるためのパラメータ

05は「Heel UP」、「Toe UP」というパラメータを追加した例です。元々この項目は存在しないのですが、「リバースフット」専用に作成されています。足を地面に置いたまま「Heel UP」の値を変更する事により、足のコントローラの高さを変更せずに踵を上げています06、07。

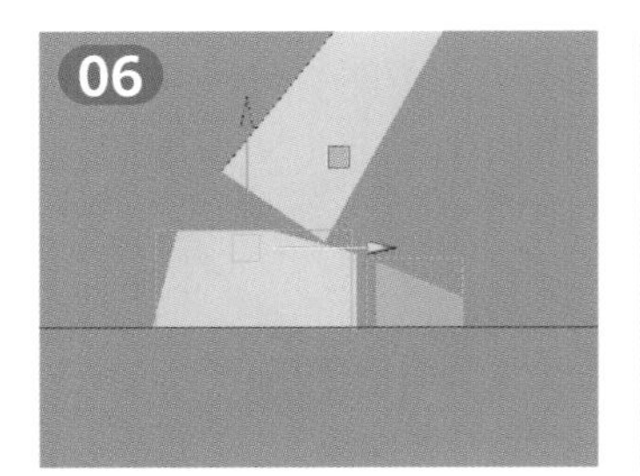

踵を上げる前

踵を上げても爪先は地面にめり込まない

リバースフットを使用する場合と、しない場合とで説明が変わる部分があるため、この後は便宜上リバースフットを使用しない場合を「ノーマルフット」と呼称し、説明を行ないます。

リバースフットのメリット・デメリット

	メリット	デメリット
ノーマルフット	移動、回転のみので制御可能	足首の回転に合わせて 上下移動させなければならない
リバースフット	足首の回転に合わせて 上下移動の必要がない	グラフに移動と 回転以外のカーブが増える

ノーマルフットの場合はアニメーションの初期作業時に手間がかかりますが、後々のグラフの編集が楽になります。対してリバースフットの場合は初期作業は楽なのですが、アニメーション カーブの数が増えるため、後々のグラフの編集が複雑になる傾向があります08、09。メリット・デメリットを理解した上でどちらを利用するか考えましょう。

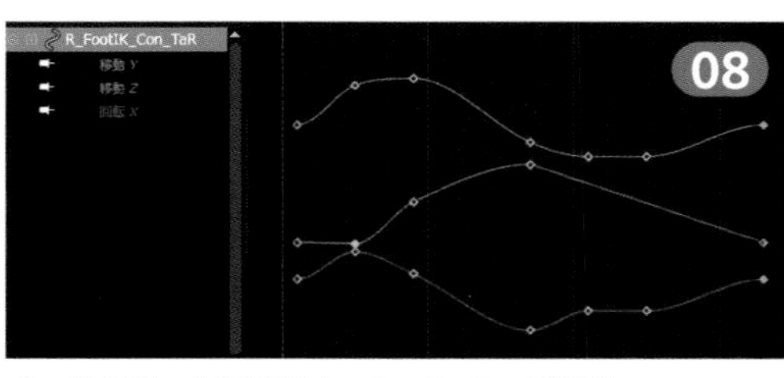

ノーマルフットのアニメーション カーブの例

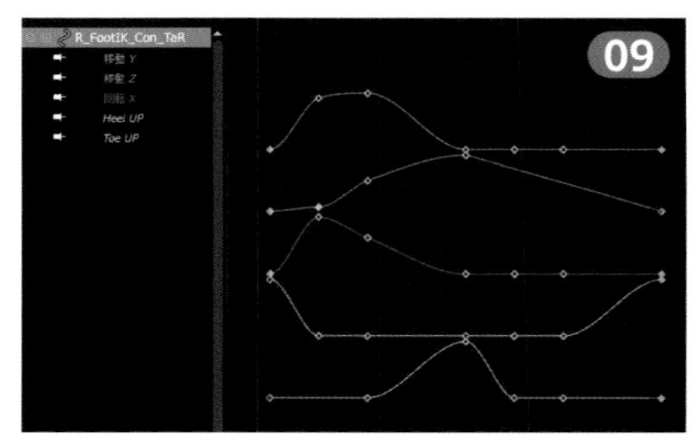

リバースフットのアニメーション カーブの例

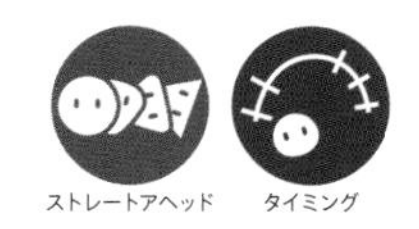

歩きの速さとフレームレート

歩きのサイクルアニメーションを作成する前に、歩きの速さとフレームレートを決めておきます。手描きの2Dアニメーションは基本的に24fps（1秒間に24枚の絵）、その他の業界では30fps（1秒間に30枚の画像）が一般的です。NTSC方式の29.97fps（P12参照）ではないのかと考える人もいるかと思いますが、29.97fpsでは作業効率が悪くなるので、全ての作業が終了してから最後にフレームレートを変換します。

これから説明する内容は1サイクル32フレームで説明を行ないます。そのため24fpsとして使用すると2歩で約1.3秒（32フレーム÷24fps）の速さになり、30fpsとして使用した場合だと2歩で約1.1秒（32フレーム÷30fps）の速さとなります⑩。

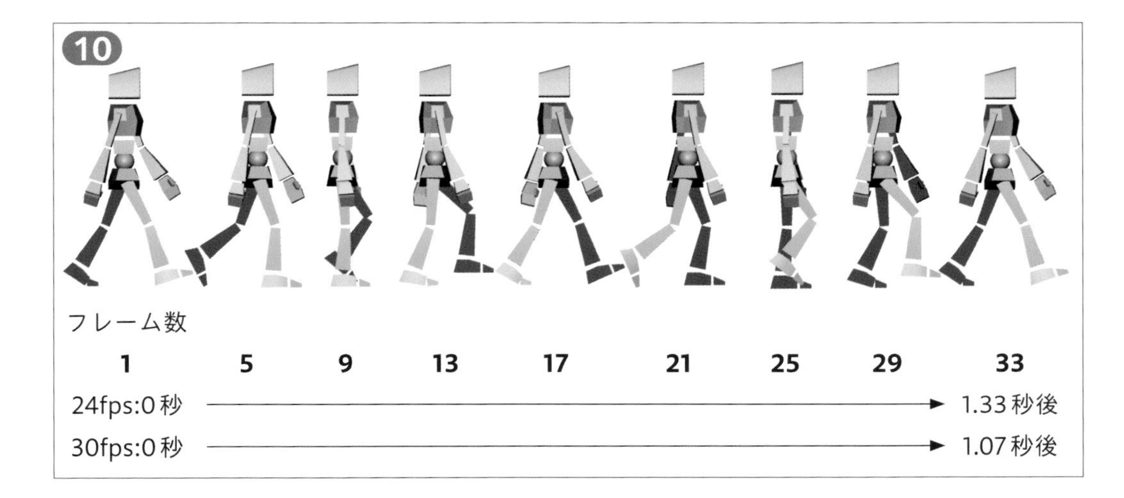

今回のようなサイクルアニメーションでは、キャラクターが一定のスピードで歩いているという前提でアニメーションを作成します。このように作成しておくと、アニメーションを繰り返し再利用し、長い歩きのシーンでも部分的な調整で済ませる事ができるため、作業効率を上げられます。作成上の注意点としては、最初のポーズと最後のポーズが全く同じでないと、アニメーションがサイクルしない点です。そのため33フレームに1フレームのポーズをコピーし、1フレームから32フレームを1サイクルとしてループできるようにします。

サイクルアニメーションの作成（下半身）

それでは下半身のアニメーションを作成してみましょう。

3DCGの場合も基本的なアニメーションの考え方は手描きと一緒ですが、上半身と下半身を別々に作成する事ができます。人の歩きは地面に接している足が基本になるため、下半身の動きを先に作成し、その後で上半身のアニメーションをつけた方が効率が上がるのです。

1 足を1歩分の歩幅で開いた初期のポーズ（1･17･33フレーム）

1-1

1フレームで右足を前に出し、腰は右が前に出るように回転させ、足首の角度は90度に調整する。

右足を前に出したポーズ

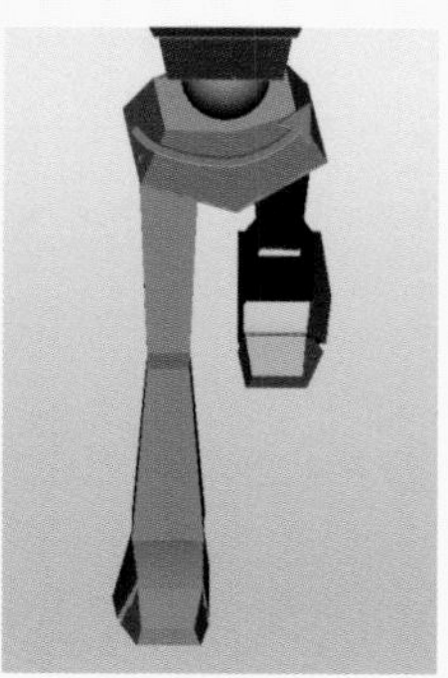
腰の回転方向

1-2

17フレームで左足を前に出した同様のポーズを作成する。腰は先程と反対に左が前に出るように回転させる。

左足を前に出したポーズ

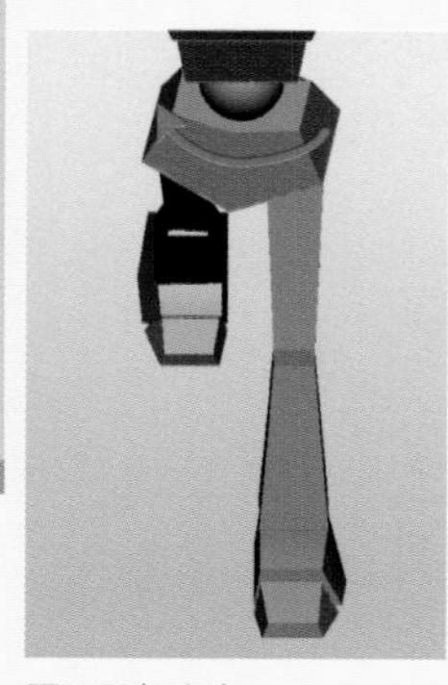
腰の回転方向

1-3

1フレームのポーズを32フレームにコピーする。

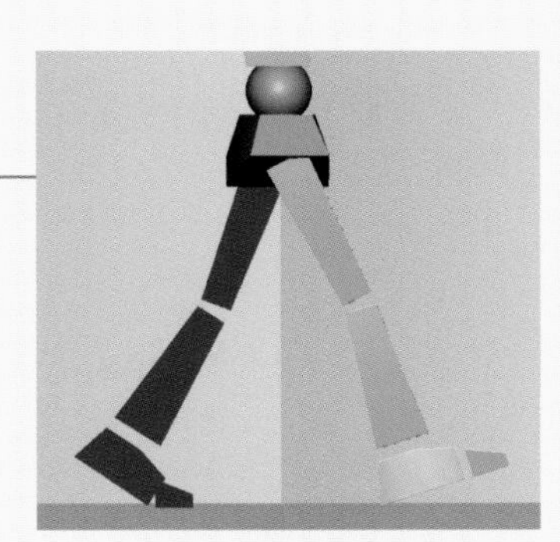

右足を前に出した、手順1-1と同じポーズ

最初に歩きの基本ポーズとして足を前後に広げたポーズを作成しますが、ここの操作では腰を前後させないように注意してください。足を広げると膝が伸びてしまうので腰を下げ、膝が伸びきらないようにします。3Dモデルは膝や肘が伸びきってしまうと動きが不自然になってしまうため、少し曲がっているようにした方がよいアニメーションになります。

足首の角度は90度とし、歩幅は足のサイズの3倍程度を目安にします。左右の歩幅が同じになるように注意しましょう。ここで左右の歩幅が異なると、不自然な動きになるだけでなく、後で地面に合わせて調整する時に苦労します。

腰の動きは日常的に意識しませんが、足の動きに合わせて回転しています。足を大きく前後に開くと簡単に確認できるので、実際に自分で動いてみましょう。

2 軸足を伸ばす中間のポーズ(9·25フレーム)

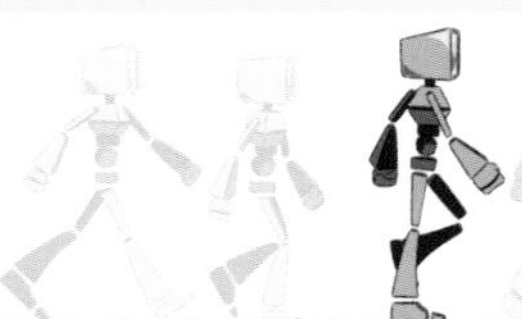

9フレーム　　25フレーム

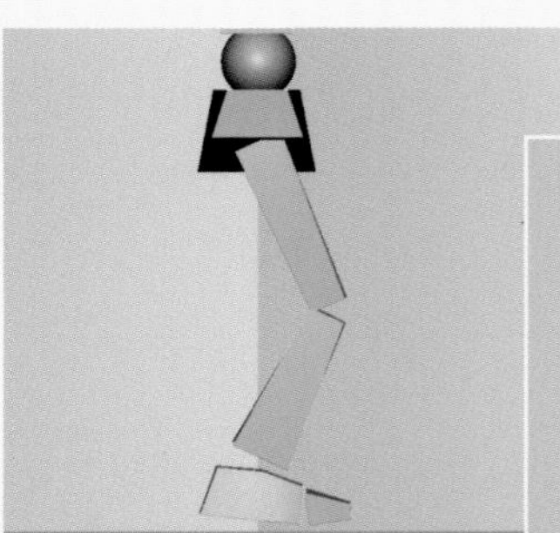

3DCGソフトが補間したポーズ

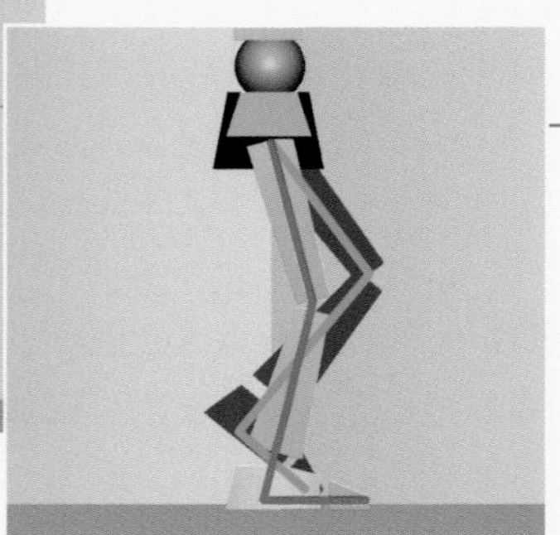

左足を上に持ち上げ、右足を地面に着ける

2-1

9フレームで右足を接地させ（赤いライン)、左足の足首を直角にして爪先が地面の少し上になる位置に持ち上げる（緑のライン)。

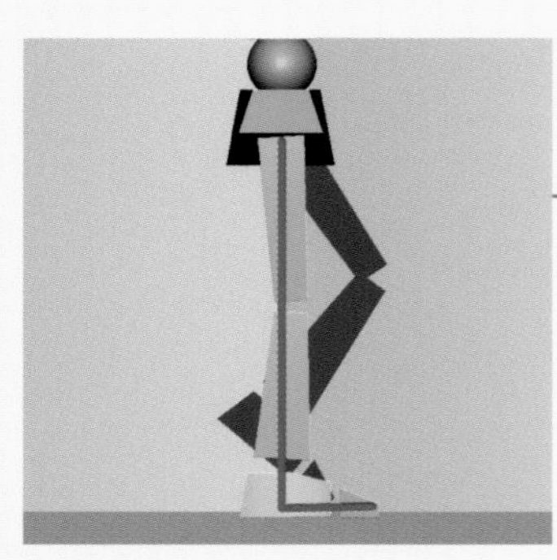

右膝を伸ばしたポーズ

2-2

腰を上に持ち上げて膝を伸ばす（赤いライン)。同様に25フレームでも左右逆のポーズを作成する。

9フレームと25フレームは、3DCGソフトが補間した中間のポーズだと腰が正面を向き、宙に浮いた状態で両足が重なってしまっています（手順2-1左図)。軸足（体を支えている方の足）に体重がしっかり乗っていなければならないポーズのため、膝を伸ばします。反対の足は意識して持ち上げない限り地面すれすれを通ります。その際に足首は直角に近い角度にしておきましょう。

3 身体を低くし、蹴り足で身体を前に押し出すポーズ（5・21フレーム）

3-1

3Dソフトで補間された5フレームのポーズから腰を前に出し、赤い矢印の方向へ高さを低くする。

腰を前に出し、高さ低くする

3-2

前に出した右足は地面に着け（青い矢印）、後ろにある左足は地面を蹴るように後ろへ移動させる（緑の矢印）。この際に移動する量は1フレームのポーズ（右図）の歩幅（赤い三角形）に合わせる。同様に21フレームで足が逆のポーズを作成する。

前にある右足を地面に着け、左足を後ろに引く

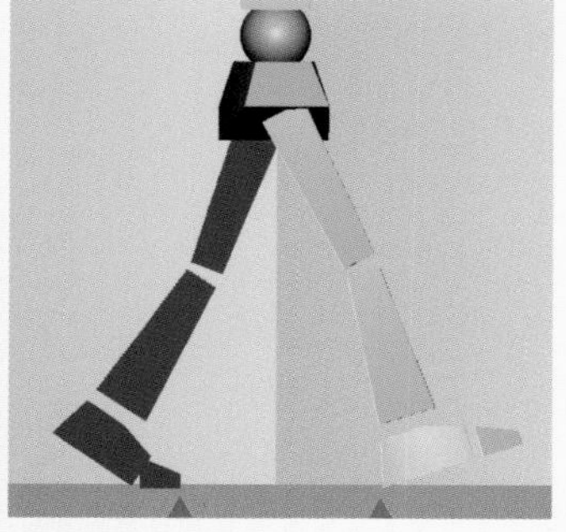
足を開いた1フレームの歩幅に合わせる

5フレームと21フレームは歩きの中でとても重要なポーズなので、しっかり覚えるようにしてください。

人は2足歩行をしていますが、常に2本の足に体重を乗せているわけではありません。歩きという動きは1歩ずつ交代で軸足に体重を乗せ、後ろにある足（蹴り足）で身体を前に押し出す事で前に進みます。ここは体重をしっかりと軸足に乗せ、身体を前に出しているポーズです。前に出した足は踵から接地しますが、すぐに足の裏全体を地面に着け、しっかりと身体を支える姿勢をとらせます。

5フレーム⑪を手描きの2番目のポーズ⑫と比べると、足の開きがかなり違う事に気がつきます。少し先の7フレームのポーズ⑬の方は、手描きのポーズ⑫と同じですね。手描きのリミテッドアニメーションでは、1フレームと9フレームの間で最もよく見えるポーズとして、少し先の動きの絵を描いていたのです。

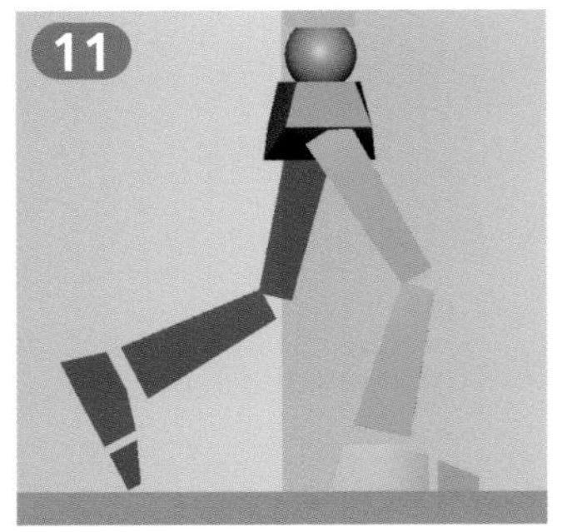

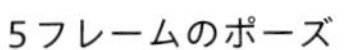
5フレームのポーズ

手描きの2番目のポーズ

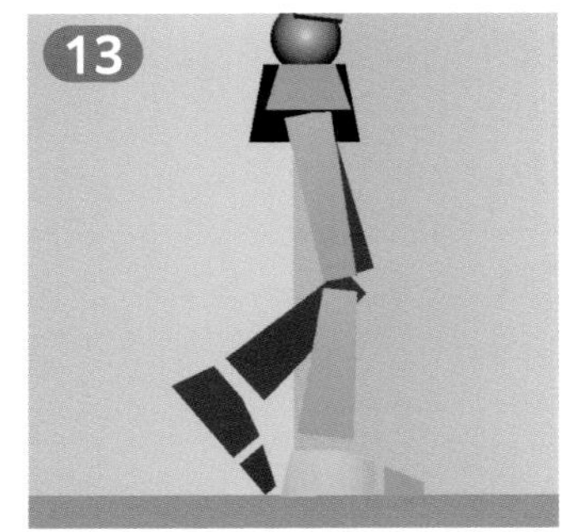

7フレームのポーズ

手順

4 身体が最も後ろにあるポーズ(13・29フレーム)

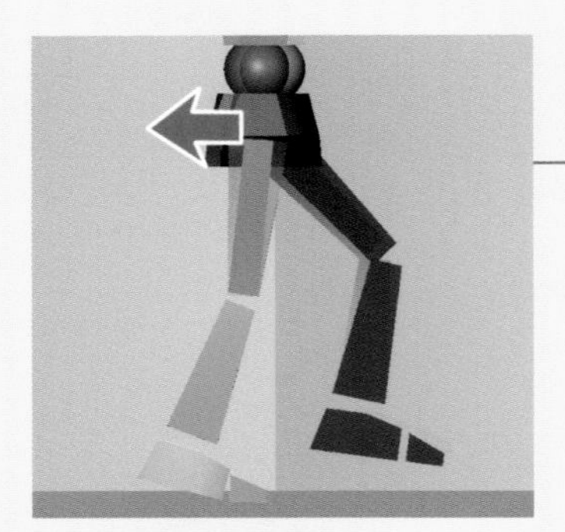

腰の位置を後ろに移動する

4-1

13フレームでは腰をやや後ろに移動させる。29フレームも同様に調整する。

このフレームで最も腰が後ろにある事になります。5・21フレームで前に出た身体が、13・29フレームまで後ろに下がっていくと考えると理解しやすいでしょう。

13フレームのポーズ⑭も手描きの4番目のポーズ⑮と若干違いがありますが、15フレームのポーズ⑯を見るとほぼ同様のポーズになっている事が分かります。

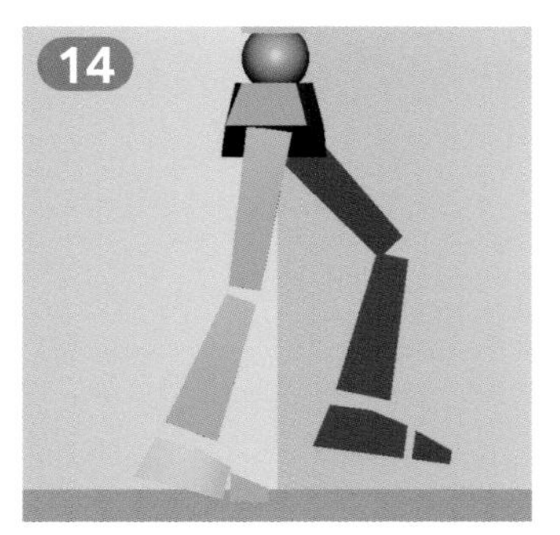

13フレームのポーズ

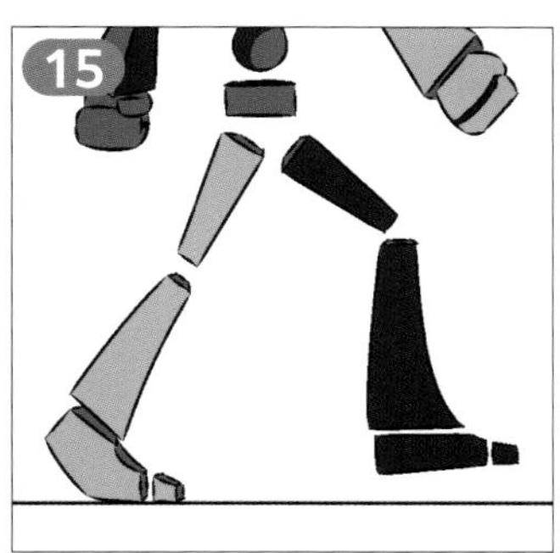

手描きの4番目のポーズ

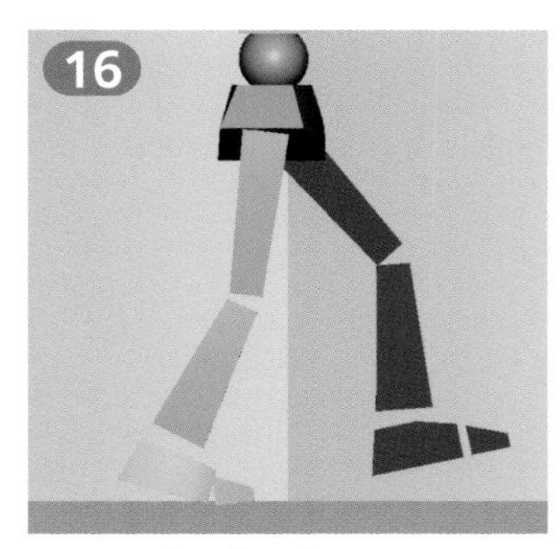

15フレームのポーズ

サイクルアニメーションの作成(上半身)

下半身が完成したので次は上半身のアニメーションを作成していきます。基本的に手は足と反対の動きをするので、右足が前に出ている時は左手を前に出すようにし、上半身の回転も腕と同じ方向に追加します。

5 腕の振りと上半身の回転(1·17·33フレーム)

5-1

1フレームで左腕を前に振り(赤いライン)、右腕を後ろに振る(黄色いライン)。下半身の動きを作成した際に腰が回転しているので(黄色い矢印)、上半身を逆法方向に回転(赤い矢印)させる。

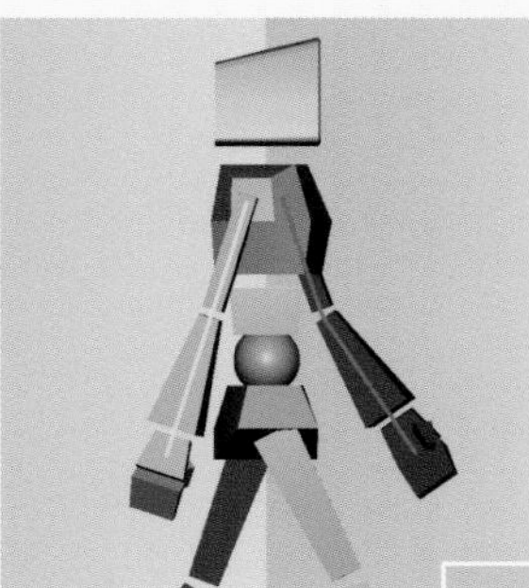
左腕を前に出し肘を曲げる

上半身を腰と逆に回転させる

5-2

17フレームに反対のポーズを作成する。

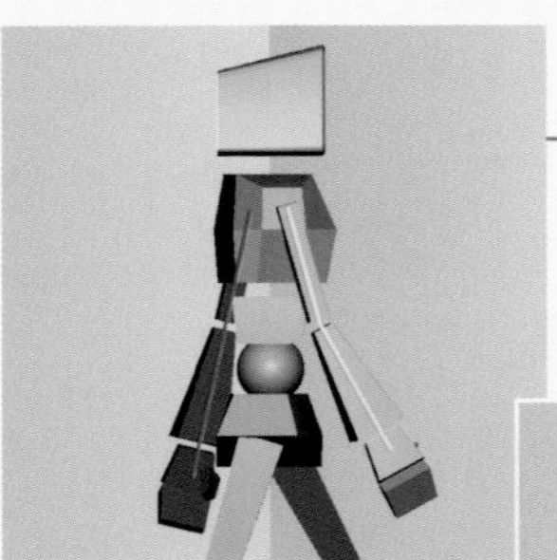
右腕を前に出して肘を曲げる

上半身を腰と逆に回転させる

5-3

33フレームに1フレームのポーズをコピーする。

腕を前に振った時は肘が曲がりますが、後ろにある時は曲がりません。これは人の肘の構造がそのようになっているためです。腕を振る際に手首を一緒に動かす人もいますが、その場合の手首は前に振った時は前に、後ろに振った時は後ろに軽く曲がります。

FKとIK

腕の動きは振り子の運動と同じく、回転運動でなければなりません。FKで制御しているのであれば1フレーム、13フレーム、25フレームの3ヶ所のキーポーズで回転運動を作る事ができます⑰。

しかしIKで制御する場合、同じ3ヶ所のタイミングでキーを打っても直線運動になってしまい、回転運動にはなりません⑱。そのため⑲の赤色の手のような中間のポーズを作り、円運動になるようにしてください。当たり前のようですが、初心者は見落としがちなので注意しましょう。

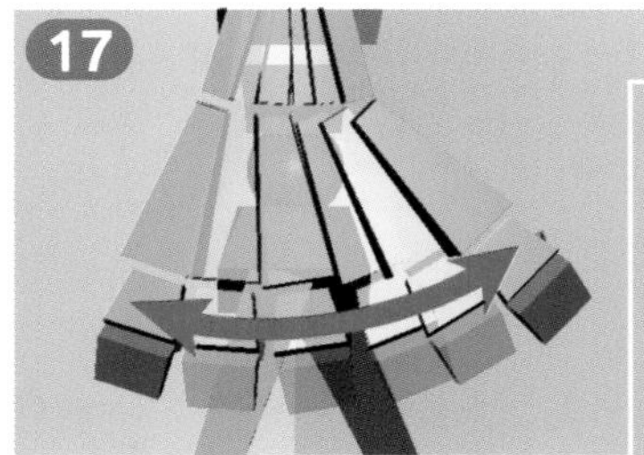

FKで制御した場合

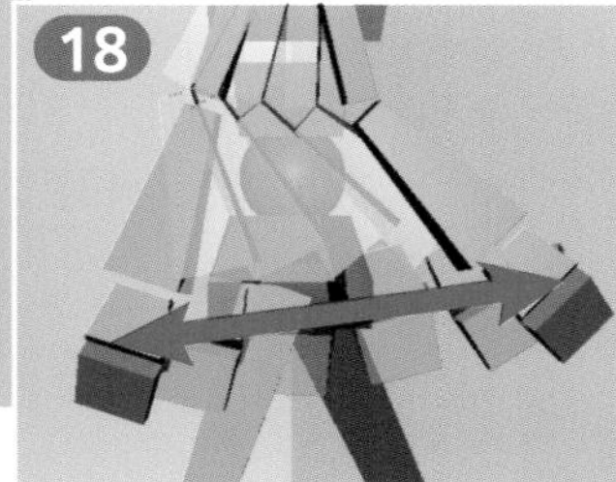

IKで制御した場合

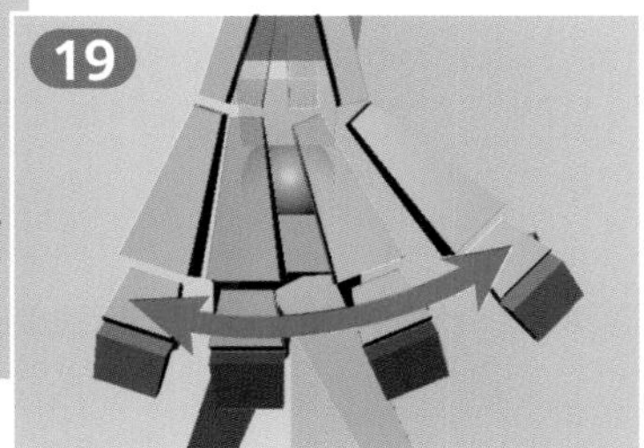

IKで制御する場合は中間のポーズを増やす

これでサイクルアニメーションに必要な手描きの2Dアニメーションのポーズ⑳と同じ5つの3DCGのポーズ㉑が完成しました。

2Dアニメーションの歩きの1サイクル

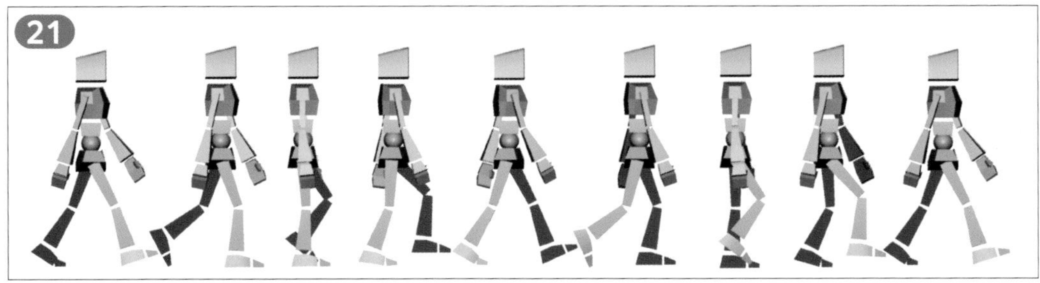

3DCGで作成した歩きの1サイクル

歩きにおける腰のキーポーズ間の調整

2Dアニメーションの場合はこれで完成で構いません。しかし3DCGアニメーションは通常フルアニメーションを作成するため、5つのポーズ間のアニメーション カーブも確認し、必要があれば修正を行ないます。手始めに腰の部分のカーブを見てみましょう。

前後移動のアニメーション カーブ

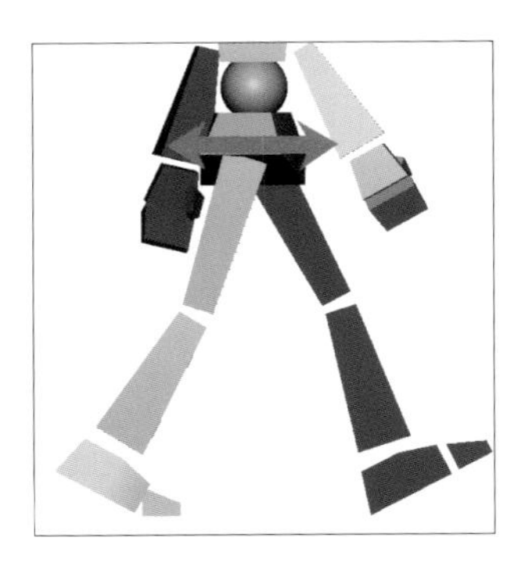

P50では5・21フレームで前に出した身体が、13・29フレームまで後ろに下がっていくと説明しました。22は前後方向の移動を表したカーブで、上にある程身体が前に出ている事を示しています。緑の丸で囲んだ点が5・21フレームで、赤い丸で囲んだ点が13・29フレームで、前後関係の説明と合っている事が確認できます。

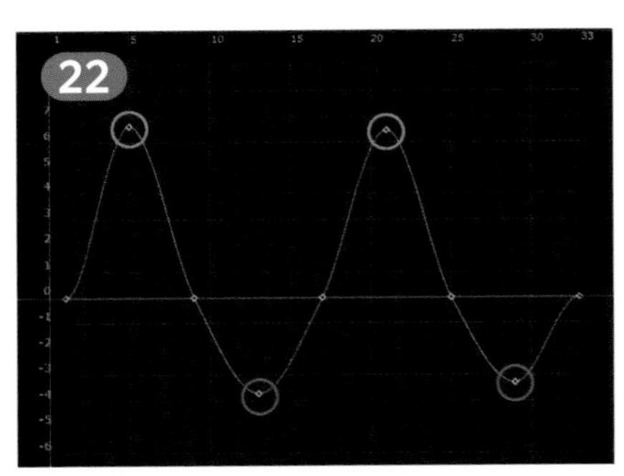

緑色の5・21フレームでは身体が前に、
赤色の13・29フレームでは後ろにある

繰り返し部分の接戦

今回のようなサイクルアニメーションでは、同じ動きが繰り返されます。動きを繰り返すという事は同じカーブを繋げるという事です。接続部分にずれがないかグラフを2つ繋げて確認してみましょう。

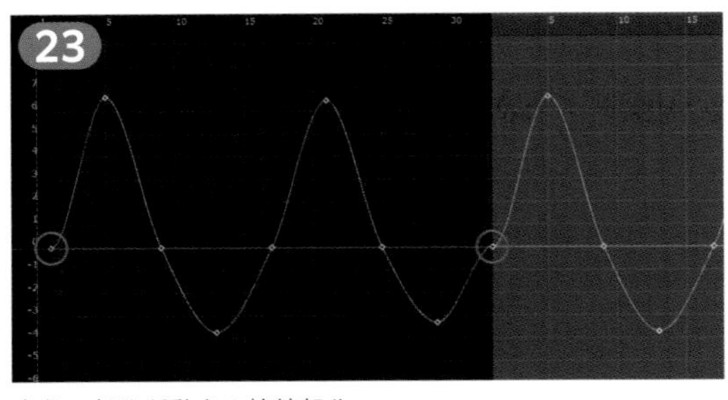

赤色の部分が動きの接続部分

23は1~33フレームに最初の1フレーム以降（背景が灰色の部分）を繋げた腰の前後移動のカーブです。赤丸の接続部分でカーブがねじれています。

24は各キーの接線を赤くして分かりやすく表示したもので、最初と最後のキーの接線が水平である事が確認できます。接線が水平という事は、そのフレームで一時停止するという意味でした。本来であれば止まる事なく動いていなければならない部分ですので、25のように、1・33フレーム共に接続部分の接線の角度を滑らかになるように修正します。

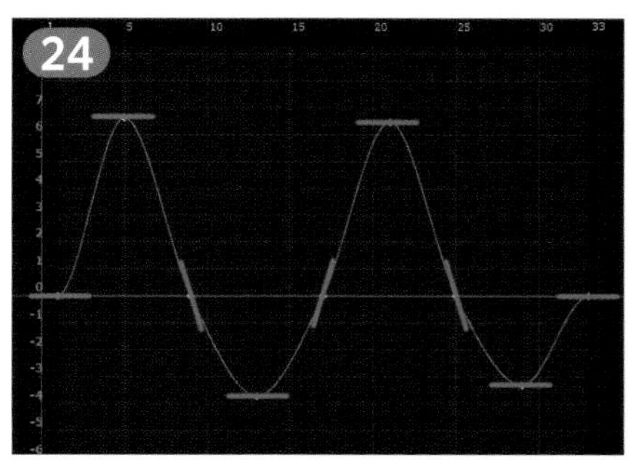
動きの接続部分の接線が水平になっている

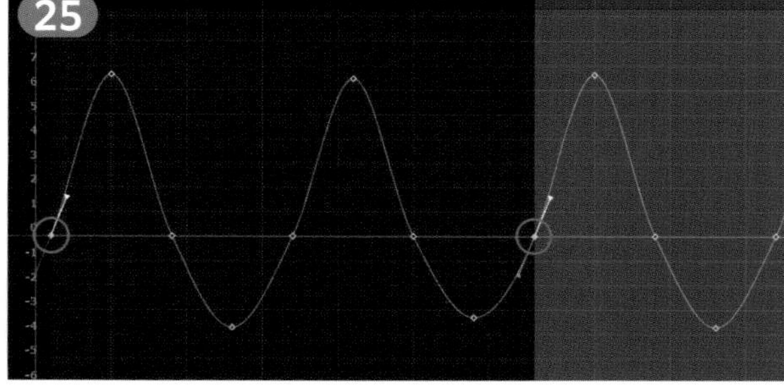
動きの接続部分の接線をカーブと同じ向きに修正

このようにサイクルアニメーションの場合には、初めと終わりのキーの接線が繋がっていない場合があります。そのためひとつずつ確認し、修正する必要があります。

1歩目と2歩目の動きの大きさに差がある時のアニメーション カーブ

26は右足が前に出た時と、左足が前に出た時のカーブが大きく異なっている場合の例です。1歩目と2歩目のカーブのサイズを同じ大きさに近づける事で、綺麗な歩きになります。ここでは赤い矢印のように大きくなる方向に合わせていますが、平均値をとるようにしても構いません。

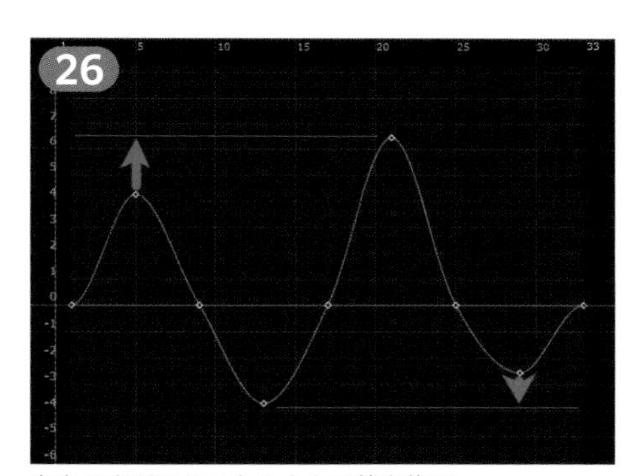
左右の山が同じになるように値を修正

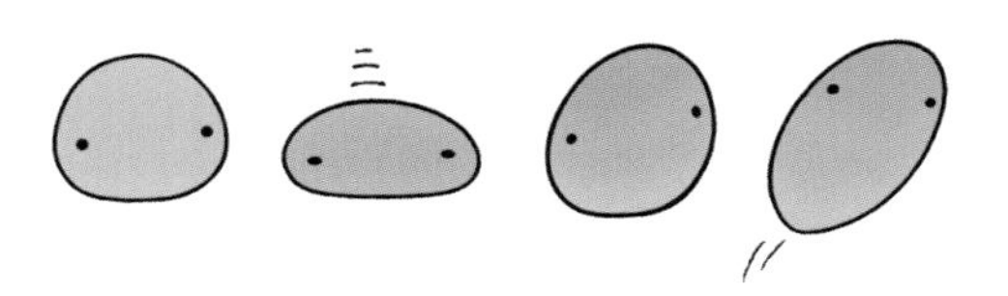

上下移動のアニメーション カーブ

27のカーブは、キーが上にある程腰の位置が高い事を表しています。5フレームで1番低く、9フレームで高くなる動きを繰り返している事が分かります。このカーブも両端の接続部分のキーの接線が水平になっているため、28のように滑らかに繋がるように接線の角度を修正します。

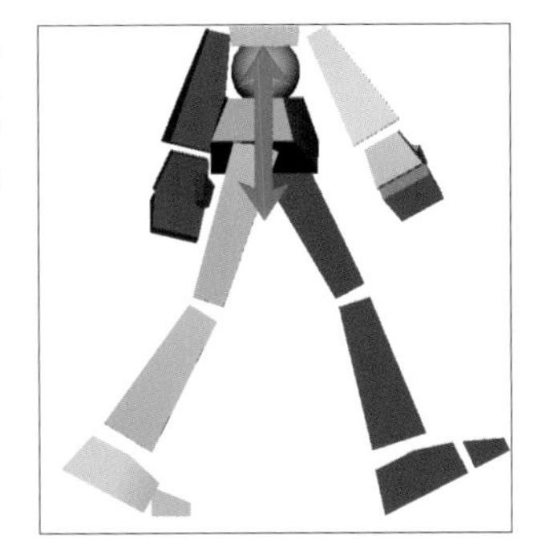

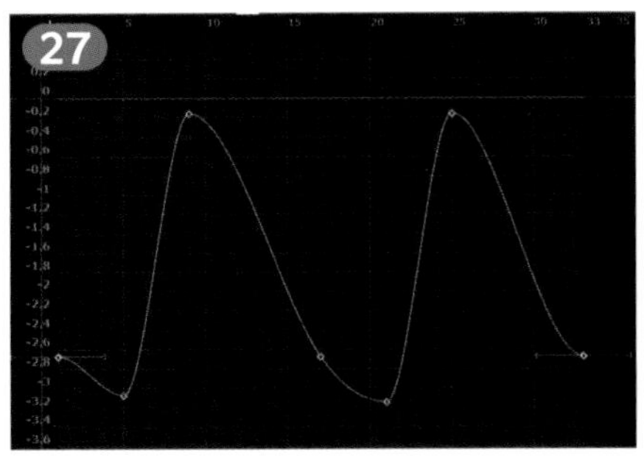

両端の接続部分の接線が水平

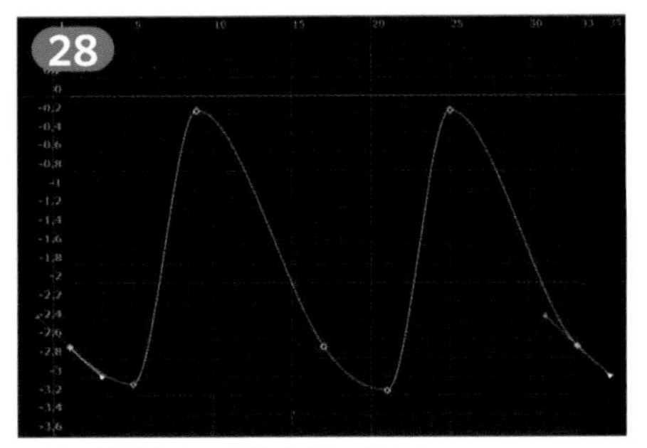

両端の接続部分の接線を右に傾ける

回転（左右）のアニメーション カーブ

29のカーブは、キーが上にある程腰が左を向き、下にある程右を向く事を表しています。1フレームで左を向き、17フレームで右を向くという繰り返しなので、腰の回転として理想的な状態である事が確認できます。

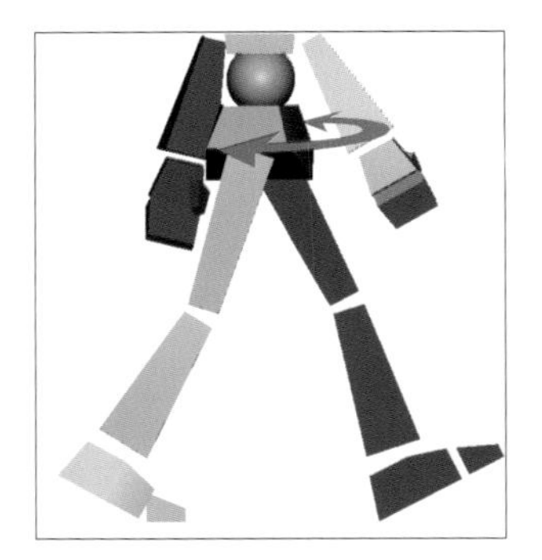

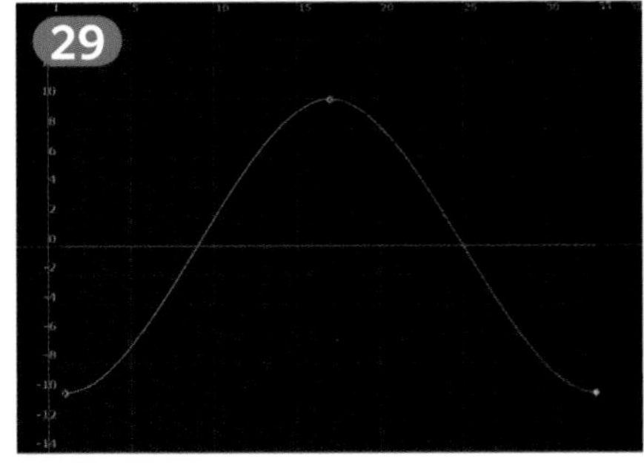

腰の左右回転のカーブ

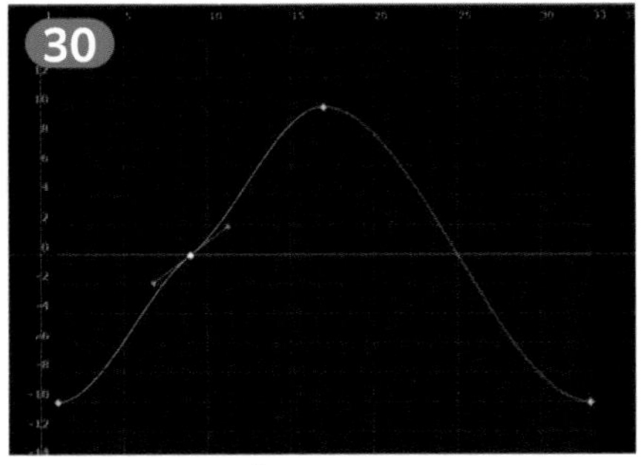

途中のキーでカーブが歪んでいる

30は同じように動いている腰の回転のカーブですが、9フレームに不要なキーが入っています。9フレームのキーは水平になっているわけではないので一時停止する事はありませんが、そこだけ回転が遅くなります。必要のないタイミングで他のコントローラと一緒にキーを打ってしまうと、このようなカーブになる事があります。そのような場合には途中の不要なキーを削除すると29と同様になりよい結果を得られます。

歩きにおける足のキーポーズ間の調整

次に足のカーブを確認してみましょう。ノーマルフットを使うか、リバースフットを使うかによってカーブが変わってきますので、比較しながら解説します。説明は右足ですが、左足も動きは同じなので適宜置き換えて判断してください。

高さ方向の移動のアニメーション カーブ

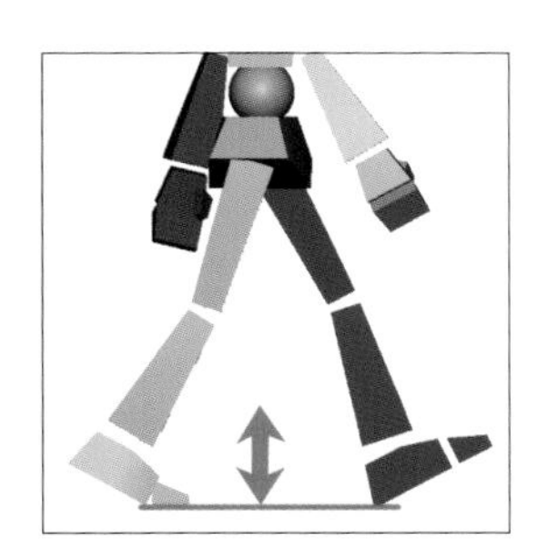

このカーブでは、キーが上にある程足が上がっている事を表しています。ノーマルフットの場合は足首の上下の動きがあるために固定されている部分はほとんどありません31。それに対してリバースフットの場合は1フレーム～19フレームの間はコントローラを動かす必要がないため、カーブはフラットのままです32。ノーマルフットは腰の時と同様に1フレームと33フレームの接線の角度を調整する必要があります33。

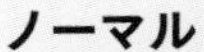

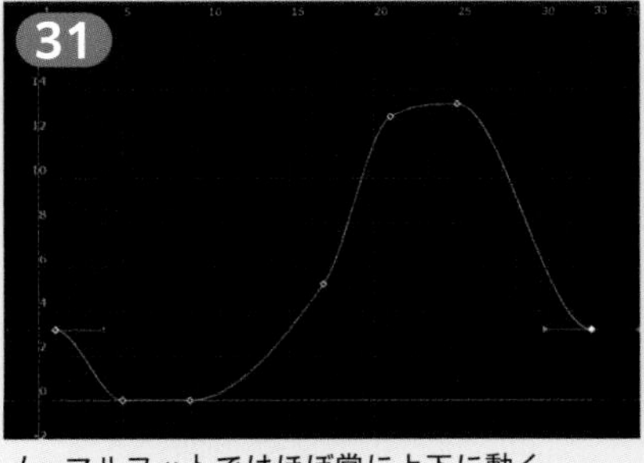

ノーマルフットではほぼ常に上下に動く

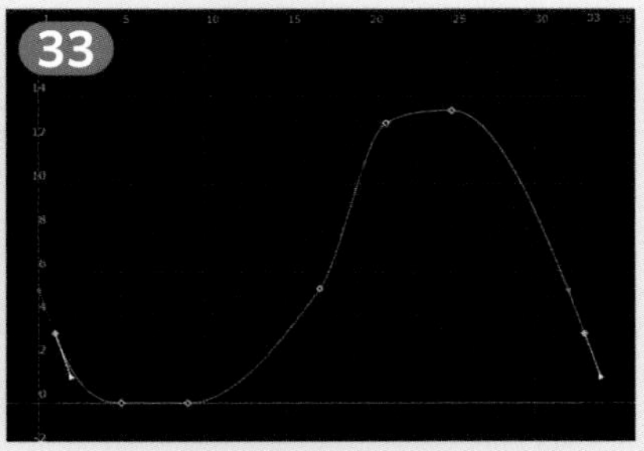

ノーマルフットの両端の接線を右に傾けて修正する

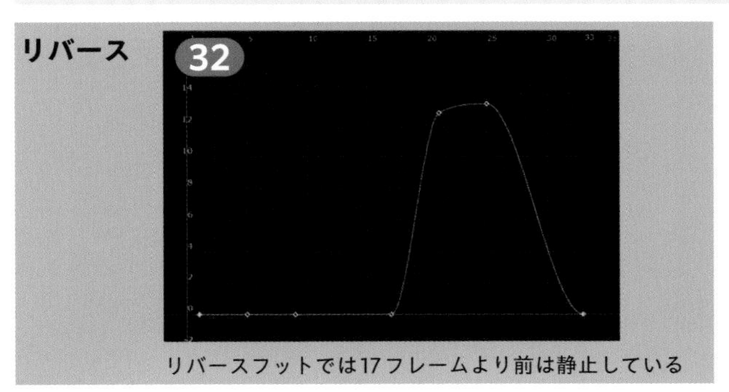

リバースフットでは17フレームより前は静止している

前後方向の移動のアニメーション カーブ

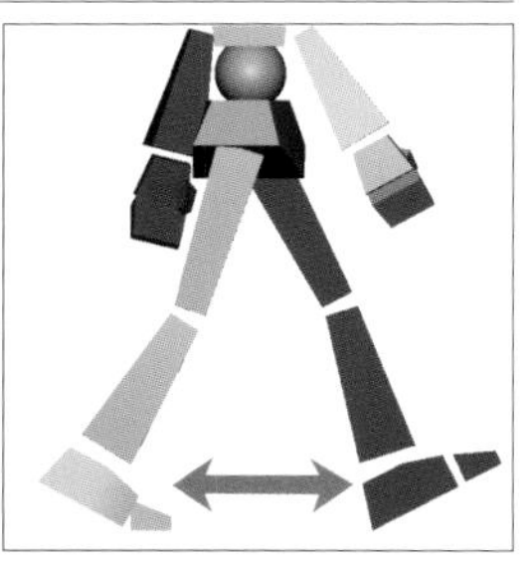

このカーブでは、キーが上にある程足が前に出ている事を表しています。右足は17フレームまで後ろに下がっていき、その後前に戻ります34、35。足が地面に着いている間に速度の変化があると、足が地面の上を滑っているように見えてしまうので、地面に接している1フレームから17フレームの間のカーブをリニアに変更します36、37。

ノーマル

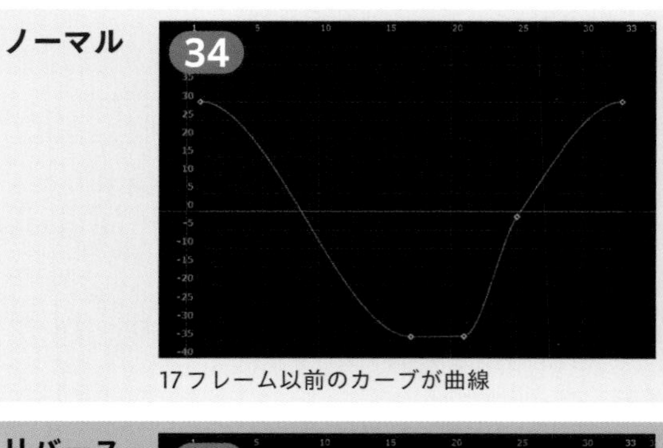

17フレーム以前のカーブが曲線

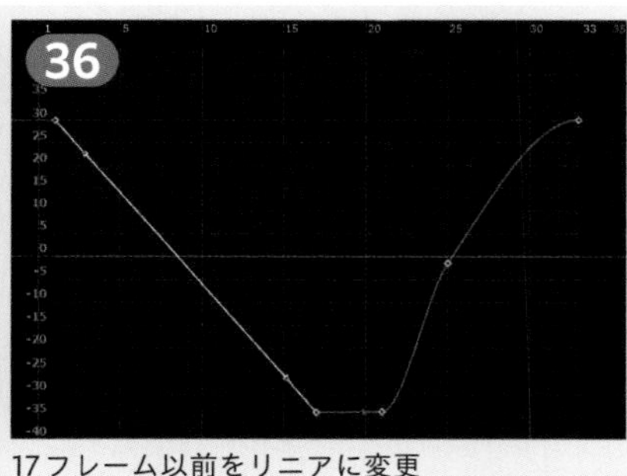

17フレーム以前をリニアに変更

リバース

35

17フレーム以前のカーブが曲線

37

17フレーム以前をリニアに変更

足首の回転のアニメーション カーブ

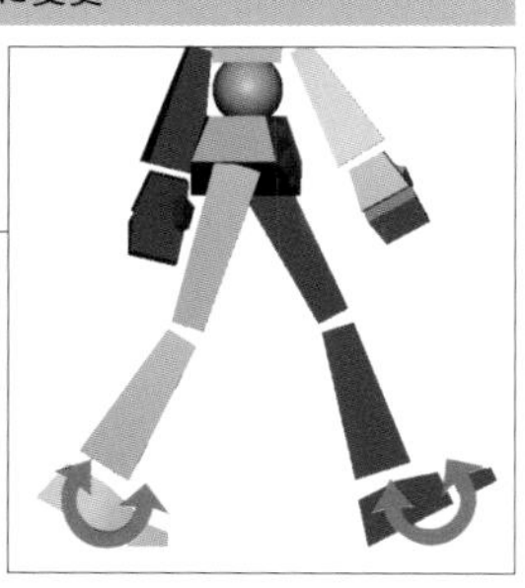

ノーマルフットは爪先と踵の上げ下げの際に足首を回転させるので、カーブはほとんど固定されません38。それに対してリバースフットは足が接地している間はコントローラが全く動かないのでフラットになっています39。

ノーマル

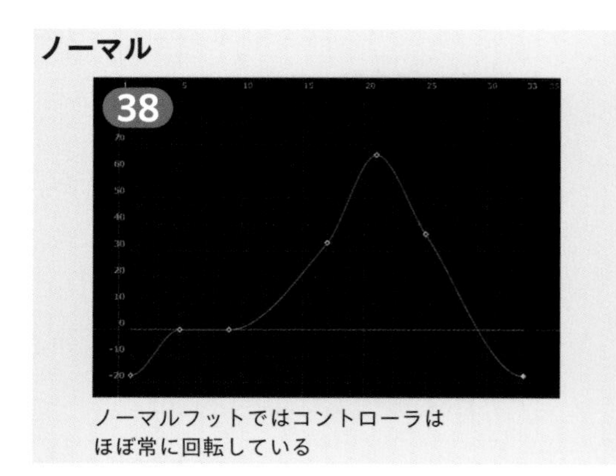

ノーマルフットではコントローラはほぼ常に回転している

リバース

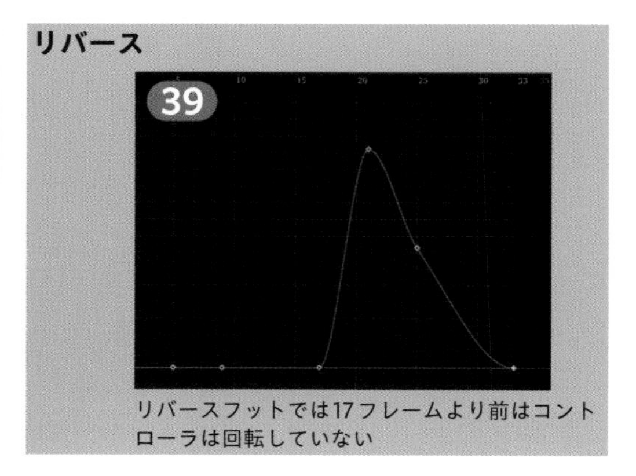

リバースフットでは17フレームより前はコントローラは回転していない

爪先と踵の上げ下げのアニメーション カーブ

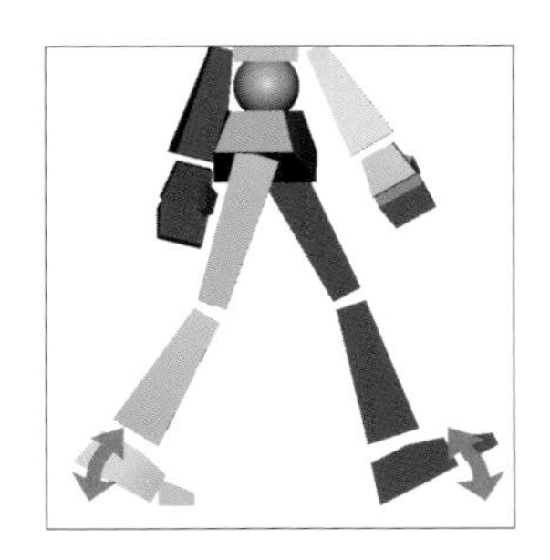

リバースフットの場合のみ爪先と踵の上げ下げのカーブが存在します。爪先は1フレームで上がっており、5フレームまで下がって以降はフラットになります。25フレーム以降は地面に着いていませんが、1フレームに繋がるように上がっていくカーブになっています40。踵は9フレームから上がりだし、21フレームで地面を蹴り出す動作になっています41。

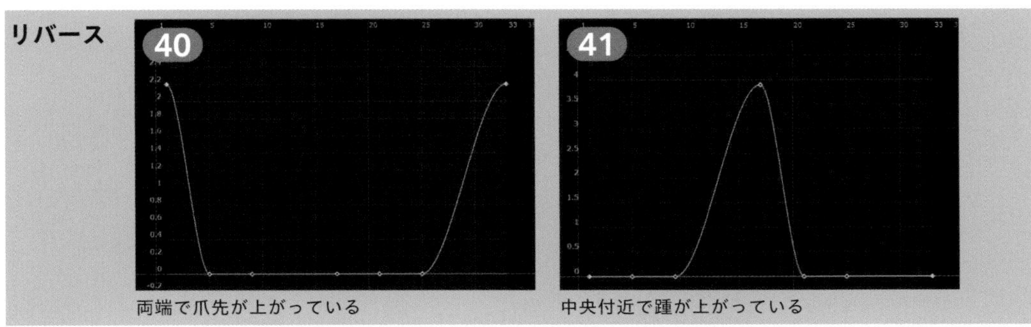

両端で爪先が上がっている

中央付近で踵が上がっている

歩くアニメーションと地面の設定

歩幅を70cmと想定して地面の上を歩かせてみましょう。

1 キャラクターを地面に置いて歩かせる

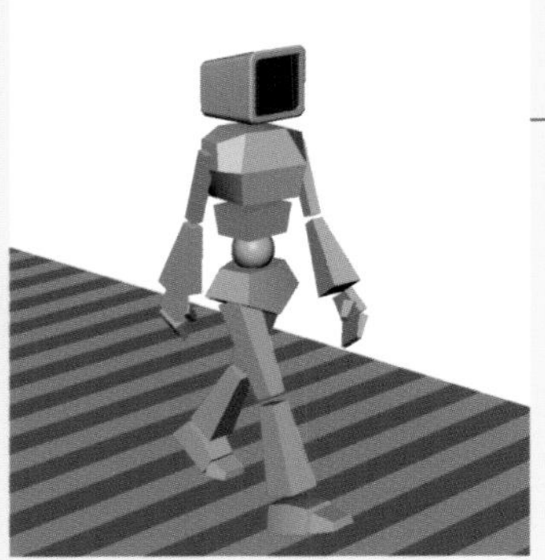
キャラクターを地面に置く

1-1

キャラクターを歩かせる地面に置く。

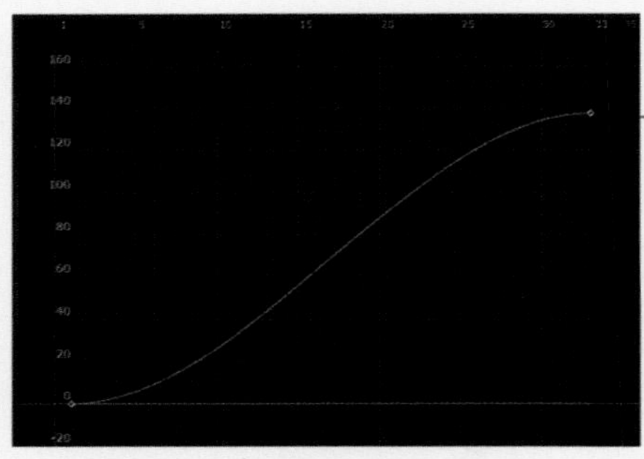
キャラクターの初期の移動カーブ

1-2

キャラクター（背景を動かす場合は背景）の前後方向の移動に1フレームでキーを打ち、33フレームで140cm移動させてキーを打つ。

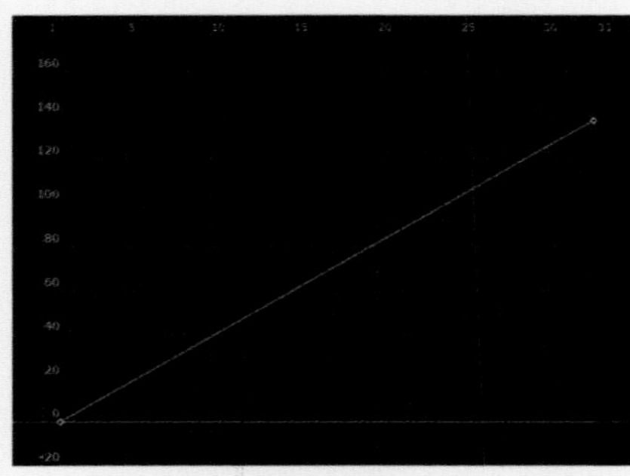
キャラクターの移動のカーブをリニアに変更

1-3

出来上がったカーブをリニアに変更する。

歩く速度は左右の歩幅とフレーム数で決まります。今回は移動量140cm、1サイクル32フレームと設定しました。そこでキャラクターの移動、あるいは背景の移動に1フレームでキーを打ち、33フレームで140cmを加算、若しくは減算した値を入れてキーを打ちます。

サイクルアニメーションの場合、一定の速度で進む事が前提となるため、足の移動とキャラクターの移動の両方のカーブをリニアに設定する必要があり、移動のカーブをリニアに変更します。足の方は前後移動のカーブの確認の際にリニアに変更してあるので変更は必要ありません42。

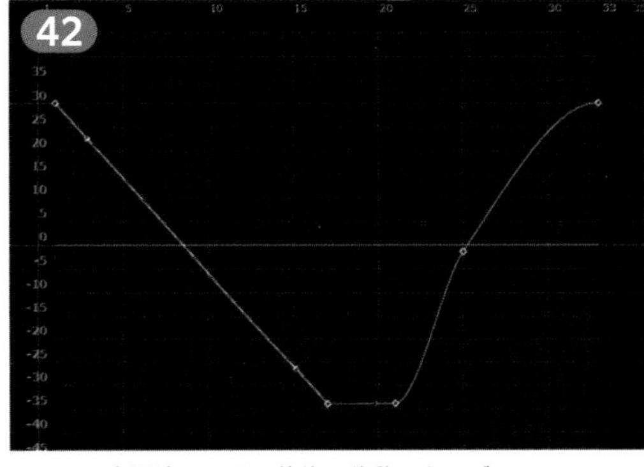

リニアに変更済みの足の前後の移動のカーブ

これで足が滑る事なく、綺麗に地面の上を歩くアニメーションになります。歩きのサイクルアニメーションが正しく作成されているかどうかは、テクスチャのある地面に置いて確認するとよいでしょう。

足が滑ってしまう場合の修正

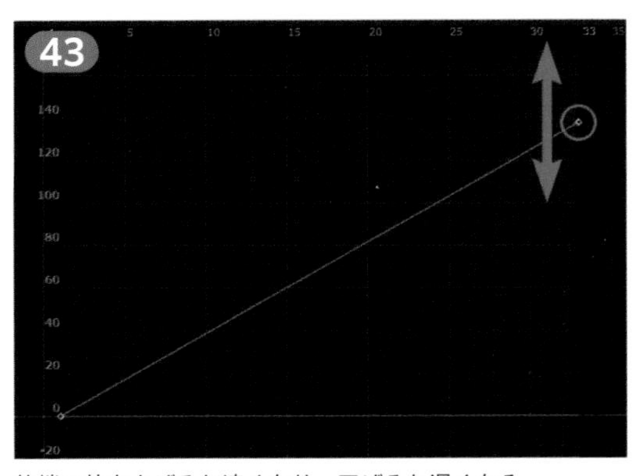

終端の値を上げると速くなり、下げると遅くなる

歩きを見た時に滑って見えなければよいので、画面で動きを確認しながらキャラクターの移動のカーブの最後の値を変更し、足が滑らない移動量を探します43。

ノーマルフットの場合の調整

これにて終わりとしたいところですが、ノーマルフットは若干足の滑りが目立ちやすく気になるかもしれません。というのもノーマルフットの場合、足首が回転しているところで足の裏も移動するため、単純にカーブをリニアにしただけでは移動量が合わないのです44。

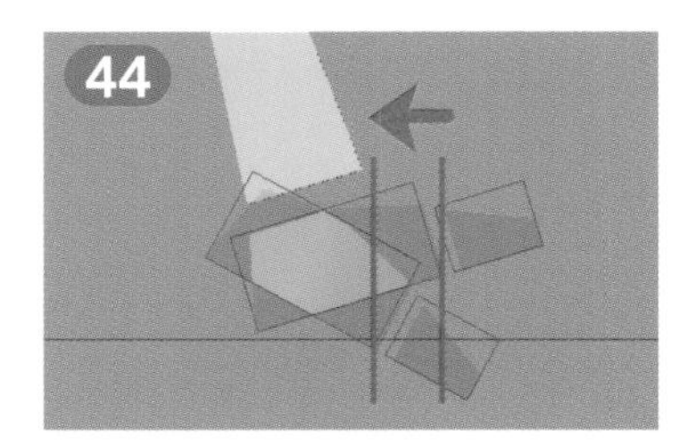

足首を下に向けると足の裏が後ろに移動する

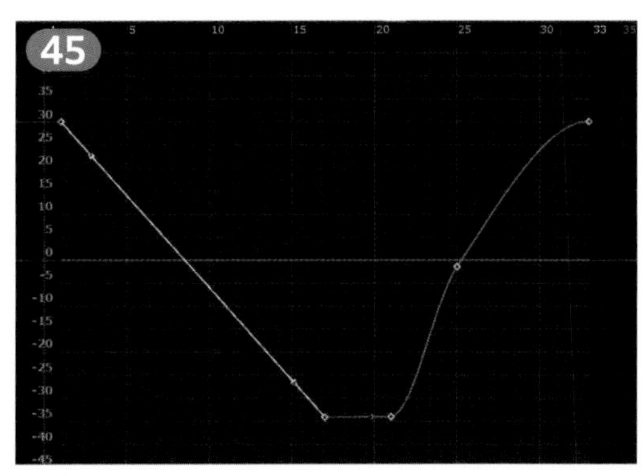

35 のカーブ

滑りが気になる場合は次のように調整してください。移動のカーブは既にリニアになっているので、1フレームと17フレームの間にはキーがありません45。そこで5フレームと13フレームにキーを増やします46。次に画面で足の移動を確認しながら47、5フレームと13フレームの値を調整し46、その間で足が地面の上を滑らないように確認します47。

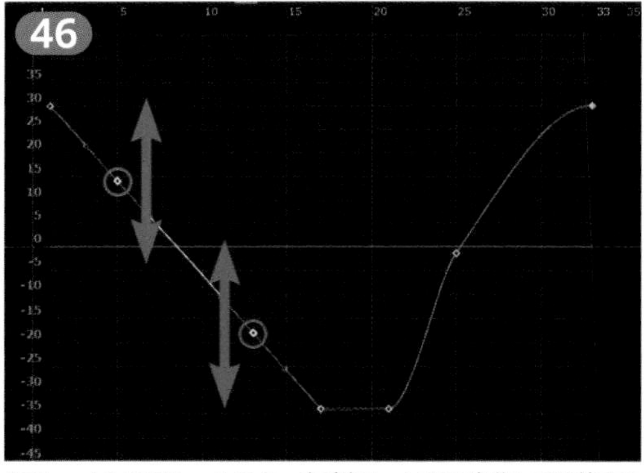

5フレームと15フレームのキーを追加し、上下に移動して調整する

足の位置がずれないように画面で確認

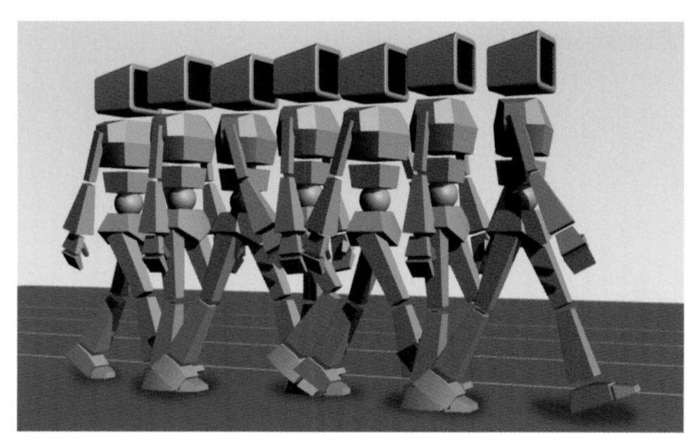
完成した歩きのアニメーション

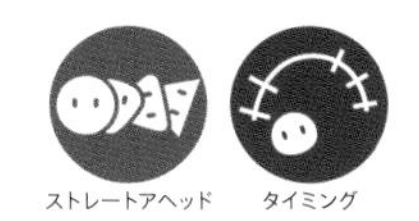

走りのサイクルアニメーション

歩きのアニメーションが完成したので、次は走りのサイクルアニメーションを作成してみましょう。

手描きのアニメーション

手描きのアニメーションでは、1歩を原画2枚と動画3枚または動画2枚で描きます。動画の枚数が3枚の場合を中3枚、2枚の場合を中2枚という言い方をします。ここでは説明用に中3枚の動画のアニメーションを用意し48、歩きと同様に原画を赤く着色しました。

中2枚の場合に省略される動画は緑色に着色された、走りを特徴づける両足とも空中に浮いているポーズです。この動画を省略するのは不思議な気がするかもしれませんが、この絵を省略してもちゃんと走って見えます。

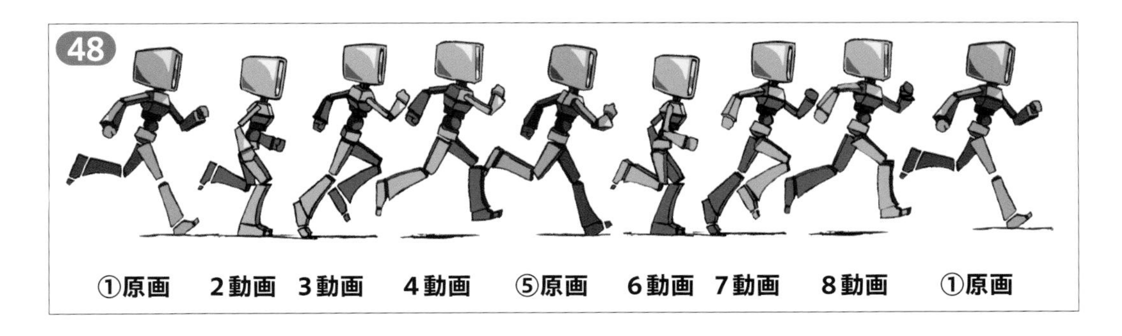

全力疾走49とジョギング50の初期ポーズを用意しました。同じ走りでも違いますね。このように走りのアニメーションは、走るスピードによって初期ポーズが大幅に変わります。

今回は手描きの2Dアニメーション48に合わせた中間のスピードのアニメーションを作成します。速さは歩きより少し早い16フレームで1サイクルとしましょう。走りは全身のバランスが重要になるので上半身も一緒に作ります。

全力疾走の初期ポーズ

ジョギングの初期ポーズ

3DCGによるアニメーションの作成手順

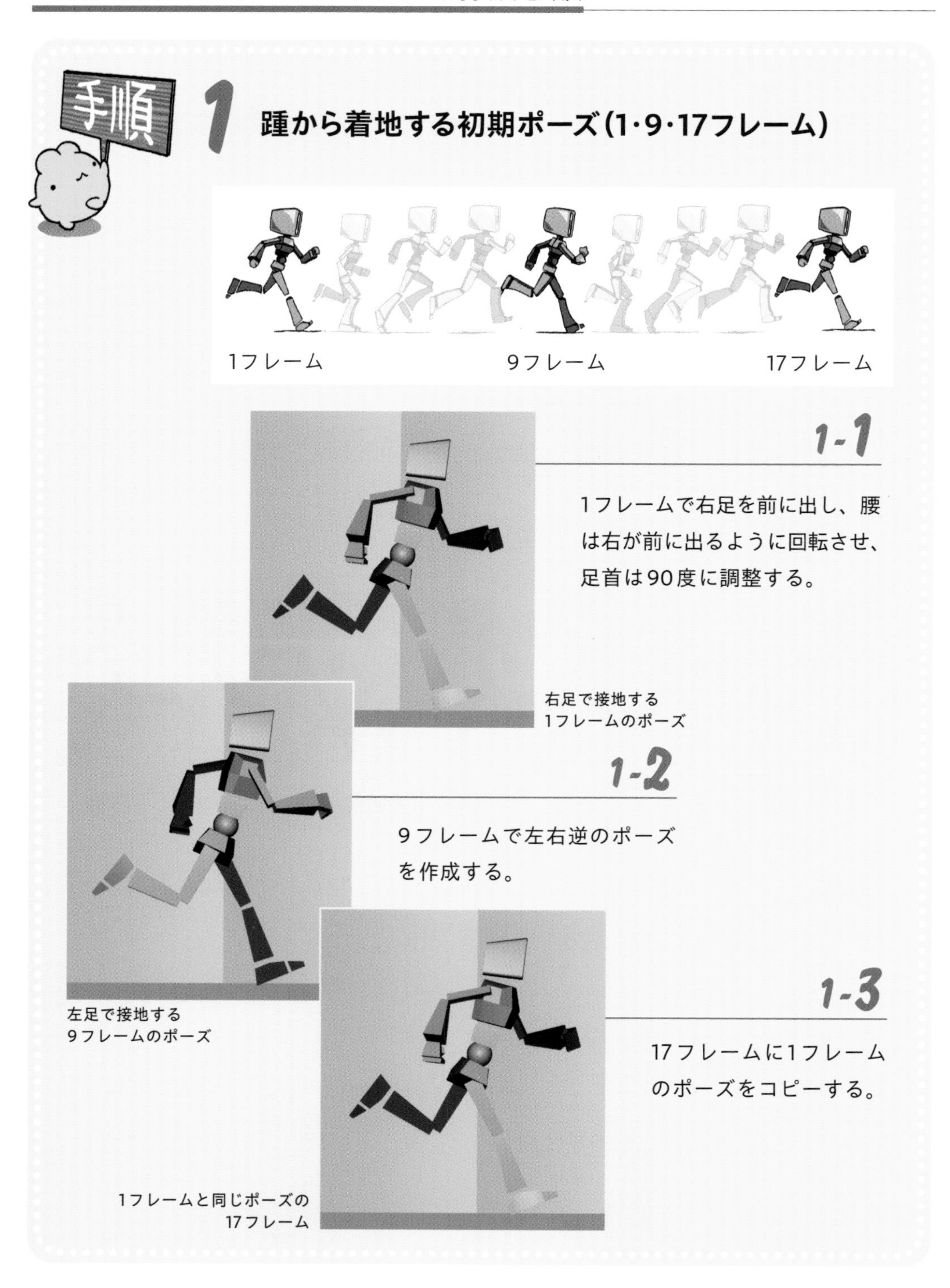

歩きと異なり走りはスピードがあるため、身体を前傾させて後ろの足が大きく跳ね上がるポーズになります。次のポーズとの繋がりを考慮し、前に出た腕は手描きのアニメーションのポーズより下げました。

2 地面を蹴る中間のポーズ(5･13フレーム)

5フレーム　　13フレーム

2-1

3DCGソフトが自動生成した5フレームのポーズは、手足が揃っている。

3DCGソフトで
生成されたポーズ

2-2

右足を伸ばし（青いライン）、腰は足に合わせて、上半身は腰と反対に回転させ（黄色い矢印）、腕を振り上げる（赤と緑のライン）。

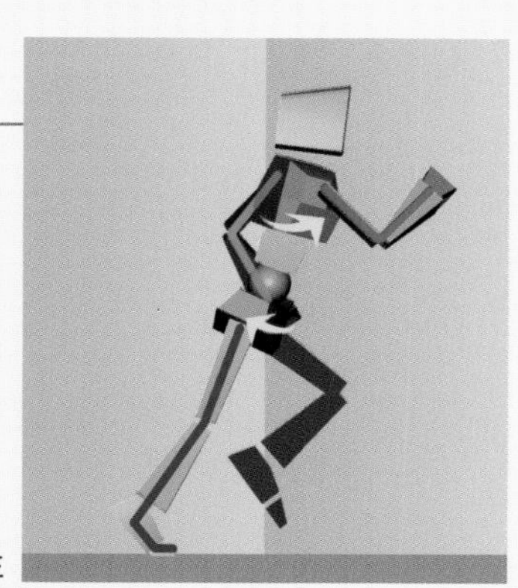

全体的にポーズを修正

2-3

13フレームでも同様に左右逆のポーズを作成する。

5・13フレームでは足が伸び、前方に身体を押し出しているポーズを作ります。3DCGソフトが生成したポーズは手順2-1のように縮こまっているので、しっかり足を後ろに延ばして地面を蹴るポーズを作ります（手順2-2）。この後身体は空中に飛び出すというイメージでポーズを作りましょう。1・9・17フレームの初期ポーズより、5・13フレームの腰と上半身の回転は大きい事に注意してください。前に出た腕は、このフレームで前に振り切ります。

3 空中に飛び出したポーズ（7･15フレーム）

3-1

7フレームは身体を前に押し出し、高さも上げて（赤い矢印）、前に出ている左足をさらに前方に出す（緑の矢印）。

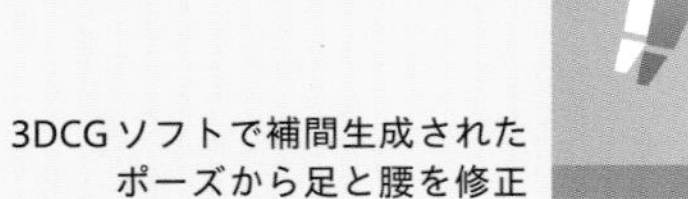

3-2

15フレームでは左右逆のポーズを作成する。

5・13フレームの「中間のポーズ」で蹴り出した後の空中のポーズです。このフレームが走りの特徴的な空中姿勢なので、両足とも地面には着いていません。最初のポーズである1・9・17フレームよりも全身が前に出ている事に注意してください。

4 身体が最も後方にあるポーズ（3・11フレーム）

4-1

3DCGソフトが補間した3フレームのポーズは足が浮いているので地面に接地させ（緑の矢印）、身体を後ろに移動して下げる（赤い矢印）。

3DCGソフトで補間生成されたポーズから足と腰の位置を修正

4-2

11フレームでも同様に左右逆のポーズを作成する。

3・11フレームは最も姿勢が低く、身体が後ろに下がります。全体的なポーズは修正しませんが、足の戻りが綺麗な動きになるように後ろ足の高さを上げる事がポイントです（手順4-1）。5・13フレームで押し出した身体が着地し、最も勢いがなくなる瞬間となります。

これで手描きの2Dアニメーションのポーズ51と同様の、5つの3DCGのポーズ52が完成しました。

手描きの2Dアニメーションの1サイクルの走り

3DCGアニメーションの1サイクルの走り

正面からの修正

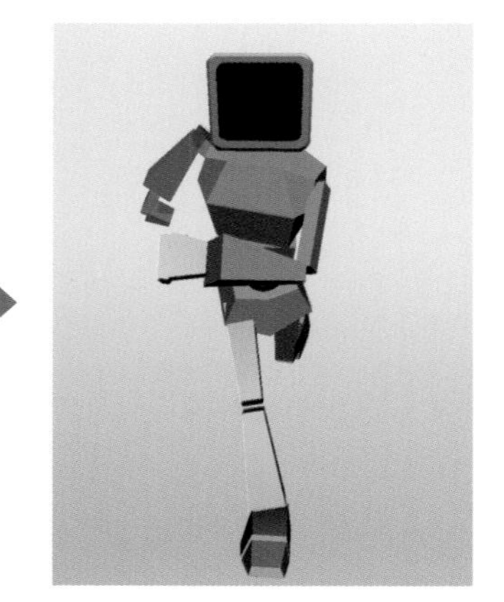

初期ポーズと修正したポーズ

この後は歩きのアニメーションと同様に、カーブの調整が必要です。しかしその前に正面から見た動きを確認しておきましょう。

走りは歩きより大きな力が足にかかるので、歩き以上に立体的に動きます。正面から見た時に身体の中央に足の位置を移動させ、腕の振りも身体の前で交差するように修正するとより力強いアニメーションになります53。

キャラクター全体の移動

歩きと同様にカーブの確認が済んだら、地面の上に出来上がったキャラクターを置いて走らせます。成人が走る際の歩幅は身長の70%前後といわれています。キャラクターの身長が180cmの場合には130cm程度となり、1サイクルの移動量は260cmとなります。

今回作成した走りのサイクルアニメーションはどうでしょう？　使用したキャラクターの身長は180cmとします。足が接地している時の移動量をカーブで確認してみましょう。

54が右足、55が左足の移動量のカーブで、濃い色の部分で足が接地しています。右足が1～5フレーム、左足が9～13フレームで接地し、それぞれの移動量は68cmなので合わせて136cmです。つまり8フレームで136cmの移動量となりますが、空中姿勢の8フレームも同じ速さで移動しているため、最終的に16フレームで272cm移動するスピードになります。結果としては先程の計算と同程度の値といえるでしょう。

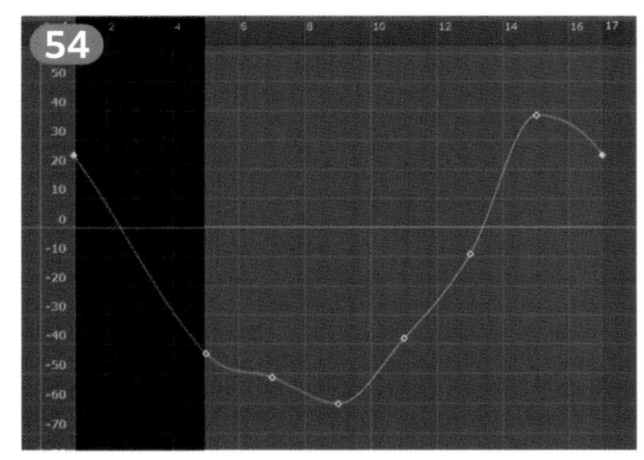

右足の移動量のカーブ

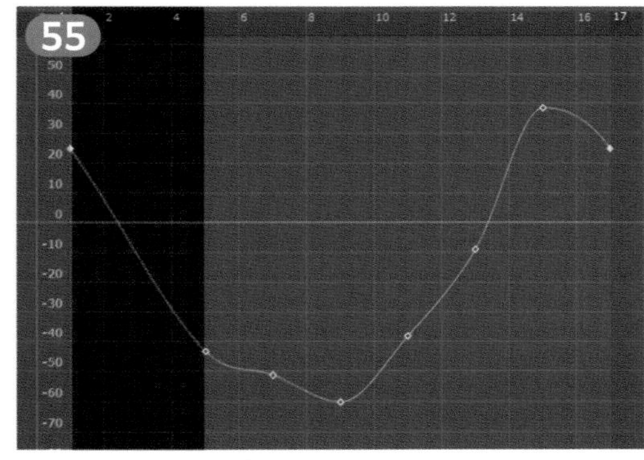

左足の移動量のカーブ

足の滑りはどう考えたらよいのでしょうか？　カーブの形状は左右の足共に接地時にはリニアになっているので問題はありません54、55。片足が接地している時間はわずか4フレームです。24fpsで0.17秒、30fpsで0.13秒にしかなりません。仮にここがカーブになっていても、肉眼で滑りを確認する事はできないため、調整の必要はないと考えてよいでしょう。

今回は確認のために計算と結果を照らし合わせてみましたが、実際のアニメーション作業では最初に歩幅とフレーム数から速さを決め、ポーズを仮置きをします。その後歩きで行なったようなスピードの調整をし、最終的な速さを決めれば問題ありません56。

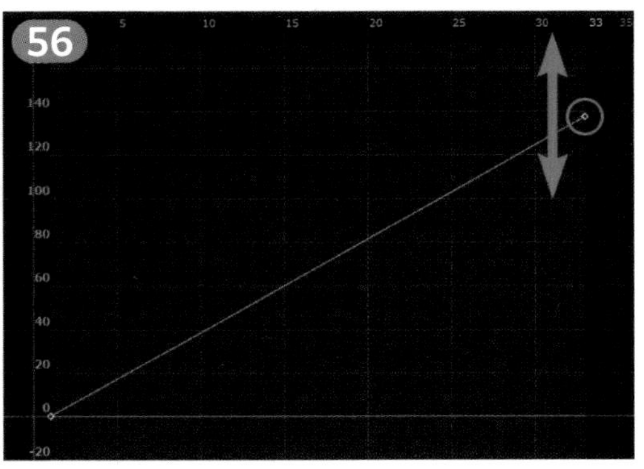

終端を上げると速くなり、下げると遅くなる

完成した走りのアニメーション

これで歩きと走りのサイクルアニメーションの説明は終わりです。次の章ではサイクルではない、1歩ずつ作成する歩きと走りのアニメーションを作成します。

5章

歩きと走りのノンサイクルアニメーション

一般的に人は完全に同じ動きを繰り返す事はしません。リアルな動きを考えた場合には、状況に応じて変化する動きを作成する必要があります。

この章も歩きと走りを取り上げますが、リアルなアニメーションを考えて、1歩ずつ動きが変化するアニメーションを説明します。人はそれぞれ個性のある歩き方や走り方をするので、キャラクターによる差や状況変化を考慮した考え方を確認しましょう。

歩きのノンサイクルアニメーション

4章のサイクルアニメーションは「一定のスピードで動きが変化しない」という前提で、スタートする部分と止まる部分を想定していませんでした。01は足跡のイメージです。「0」がスタート地点、「1」～「8」が足を運ぶ順番とします。立っているところから歩き出し、途中で方向転換をするイメージです。4章のサイクルアニメーションの知識だけではちょっと厳しそうですね。地面の上を歩かせるアニメーションを作成する場合、一般的に次の2通りの作成方法を使い分けます。

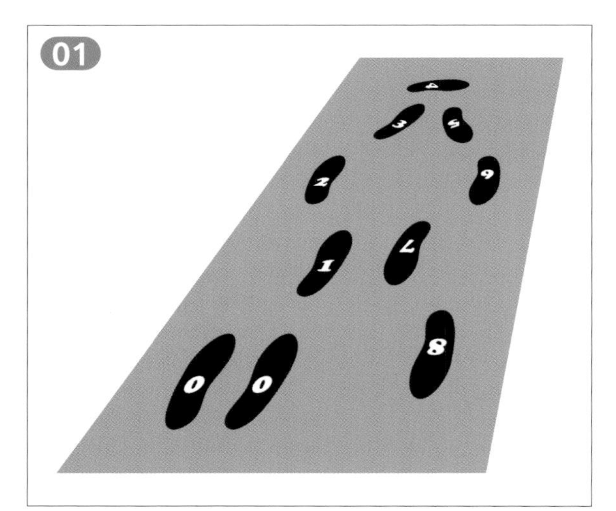

8歩分の歩く足跡のイメージ

[A] キャラクターリグを歩幅の中心に移動し、サイクルアニメーションと同様に1歩ずつポーズを作成してアニメーションを作成する方法。

[B] 身体のコントローラを個別に必要な位置に移動し、アニメーションを作成していく方法。

本書では便宜上 **[A]** の方法では身体のコントローラの座標がRootの下にあるため「Local操作」、**[B]** の方法では全てのコントローラが全体の座標の中の位置で決まるために「World操作」と呼んで説明を行ないます。

※改訂前の書籍では **[A]** を「Root操作」、**[B]** を「個別操作」と呼んでいましたが、業界的に「Local」と「World」の方が一般的なため変更しました

歩幅は地面に置いた足跡で決まるのでそこに合わせ、速さは4章のサイクルアニメーションと同じ1歩16フレームで説明します。

[A] Local(ローカル)操作の場合

手順 1 スタートポーズ(1フレーム)

1-1

キャラクターの初期位置として1フレームで「0」と書いてある足跡の上に立たせる。

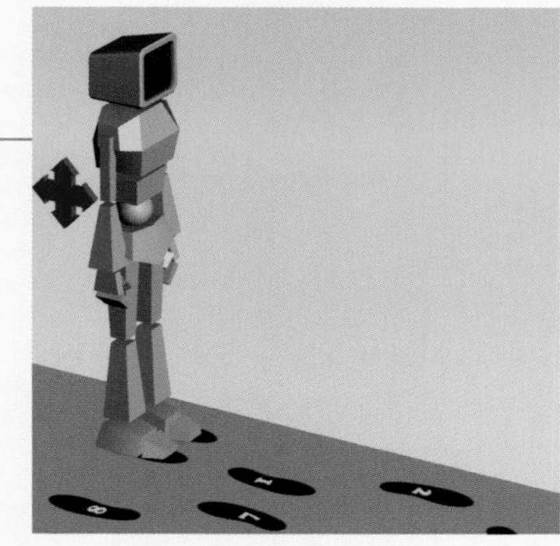
初期位置に立たせたキャラクター

説明用にRootコントローラを赤い大きな矢印状の形状で表示し、キャラクターの後ろに設定しました。今回の例は直立のポーズからスタートします。

2 1歩目の足を開いたポーズ（17フレーム）

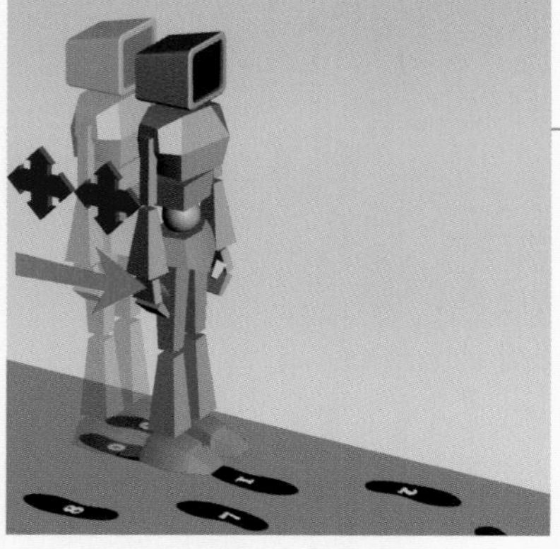
Rootコントローラによる移動

2-1

17フレームでRootコントローラを動かし（赤い矢印）、次の足跡の「0」と「1」の中央に移動する。

足跡に合わせて1歩目のポーズを作成

2-2

足跡「0」、「1」に合わせて前後に足を広げ、上半身も含めた1歩目のポーズを作る。

後ろの足（今回は左足）が元の位置からずれないようにします。ポーズの注意点はサイクルアニメーションの時と同様のため割愛します。

3 2歩目の足を開いたポーズ（33フレーム）

3-1

33フレームで17フレームのポーズのままRootコントローラを使ってキャラクターを次の足跡の中央に移動する。

Rootコントローラで1歩分を移動

3-2

左右の足の位置を足跡に合わせて入れ替え、上半身と腕のポーズも調整して2歩目の足を開いたポーズを作る。

足跡に合わせて2歩目のポーズを作成

この後必要な歩数分のポーズを同様に作成すれば、足跡8歩分のアニメーションができます。

今回の説明で足を開いたポーズしか説明していないのは、歩きの基本ポーズの作り方はサイクルアニメーションと変わらないためです。4章で説明した途中の3つのポーズ 02 も作成して全体を完成させましょう。

途中の方向転換するところはかなり難しくなりますが、先に後ろに残る足の位置と次の足の位置を決め、腰の位置と重心を調整すると綺麗に歩かせる事ができます。

[B]World(ワールド)操作の場合

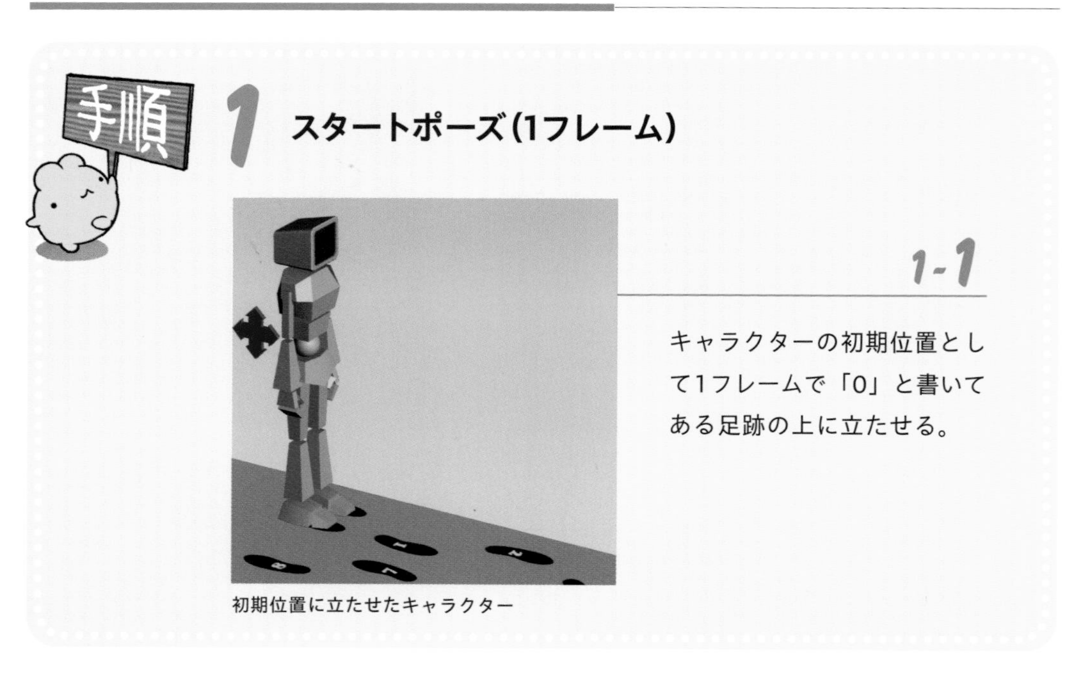

1 スタートポーズ(1フレーム)

1-1

キャラクターの初期位置として1フレームで「0」と書いてある足跡の上に立たせる。

初期位置に立たせたキャラクター

最初のポーズはLocal操作と同じです。

2 1歩目の足を開いたポーズ(17フレーム)

2-1

17フレームで右足のコントローラを赤い矢印のように次の足跡の位置に進め、腰のコントローラを緑の矢印のように足と足との間に進める。

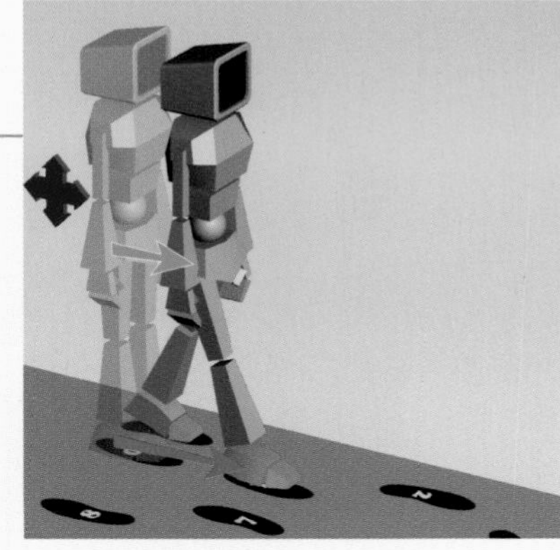
足の位置を足跡に合わせ、腰を移動する

2-2

足と腰の位置が決まったら、足首の角度を調整し、腰を回転させ、上半身のポーズを作成する。

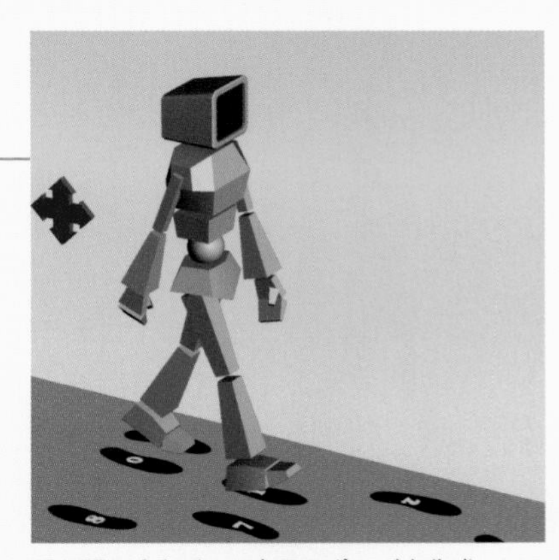
足と腰に合わせて1歩目のポーズを作成

右足を次の位置まで進め、腰の位置を中間まで移動して足を開いたポーズを作成します。Rootコントローラは動いていません。先に足の位置を決めるので、腰の位置や高さは後から調整してください。

3 2歩目の足を開いたポーズ(33フレーム)

2歩目の足の位置を足跡に合わせ、腰を移動する

3-1

33フレームで左足を赤い矢印のように次の足跡「2」の位置に置き、腰も緑の矢印のように足と足の間の位置になるように進める。

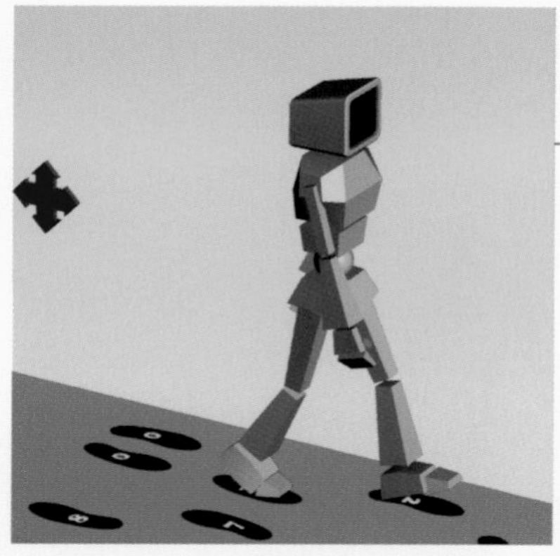
足と腰に合わせて2歩目のポーズを作成

3-2

1歩目と同様に足首の角度を調整後、腰と上半身のポーズを作成する。

これで2歩分の足を開いたポーズが完成しました。World操作でも途中のポーズの作成方法はサイクルアニメーションの時と同様に作ります。Local操作と違いRootコントローラを移動しないため、Rootコントローラは初期位置に置き去りになっています。

走りのノンサイクルアニメーション

歩きの場合、歩幅は足の移動量から求める事ができます。しかし走りの場合は空中の移動量も考慮しないといけないので、歩幅を足の移動量から求める事はできません。そのためサイクルアニメーションの際には、平均的な歩幅から速度を求めて解説しました。

縞1つ1つが歩幅の目安（130cm）

今回の作例も4章のサイクルアニメーションと同様に歩幅を130㎝、1歩の速さを8フレームという設定にします。歩幅の目安として地面を130cmごとに色分けし03、スタートは姿勢変化の少ないスタンディングスタートで行ないます。

[A] Local（ローカル）操作の場合

手順 1 スタートポーズ（1フレーム）

1-1

1フレームで右足を前に出して軽く足を開いたスタンディングスタートのポーズを作る。

ラインの位置に右足を合わせた
スタンディングスタートのポーズ

歩幅の目安として地面を色分けしたところの堺に、前に出した足の母指球を置きます。

2 スタート時の蹴り出し(5フレーム)

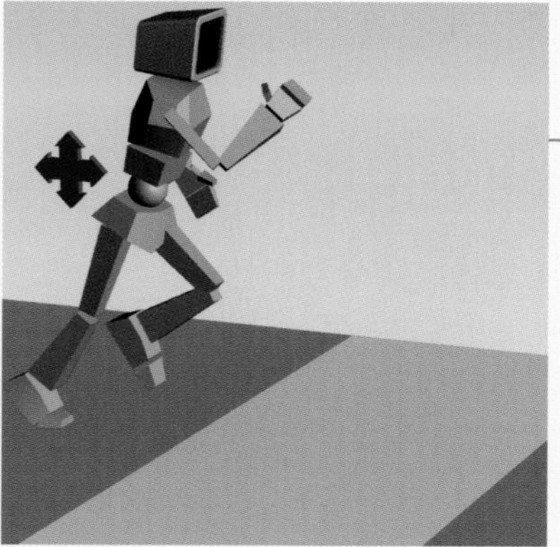
右足で地面を蹴ったポーズを作成

2-1

5フレームで右足を後ろに下げて走りのポーズを作る。

縞の位置までRootコントローラでキャラクターを前に移動

2-2

右足の母指球が最初のラインの上になるよう（赤い丸の位置）、赤い矢印のようにRootコントローラでキャラクターを前に移動する。

走りのサイクルアニメーションで、中間の地面を蹴っているポーズを作ります。先にポーズを作ってから、地面のラインと母指球の位置が合うように、Rootコントローラを使ってキャラクターを前に移動させます。

3 踵から着地する1歩目のポーズ(9フレーム)

3-1

9フレームで左足が前に接地した時のポーズを作成する。

左足の接地ポーズを作る

3-2

左足の母指球が最初のラインの上になるよう（赤い丸）、赤い矢印のようにRootコントローラでキャラクターを前に移動する。

最初のラインの位置までRootコントローラを前に移動

走りのサイクルアニメーションの初期ポーズである、前の足が地面に接地した時のポーズです。ここでも先にポーズを作ってから、母指球の位置を目安にキャラクターを前に移動させます。

手順 4 踵から着地する2歩目のポーズ（17フレーム）

右足の接地ポーズを作る

4-1

17フレームで右足が前に接地した時のポーズを作成する。

ラインの位置までRootコントローラを前に移動

4-2

右足の母指球が最初のラインの上になるよう（赤い丸）、赤い矢印のようにRootコントローラでキャラクターを前に移動する。

9フレームの左右逆のポーズです。Local操作ではポーズを作って必要な分を移動させると考えてよいでしょう。この後に必要な歩数分、前に出た足が接地した時のポーズを作っていきます。解説したのは前に出た足が接地した時のポーズのみなので、4章のサイクルアニメーションと同様に中間の3つのポーズも作成します04。

今回はスタンディングポーズから始めたので、赤い色の1番左のポーズから作成しましたが、中間ポーズの細かい注意点は4章を参照してください。

[B] World(ワールド)操作の場合

1 スタートポーズ(1フレーム)

1-1

1フレームで右足を前に出して軽く足を開いたスタンディングスタートのポーズを作る。

ラインの位置に右足を合わせた
スタンディングスタートのポーズ

ここの項目はLocal操作と同じです。

2 スタート時の蹴り出し(5フレーム)

2-1

5フレームで、右足の位置をずらさないように左足を前に出した走りのポーズを作る。

右足の位置に合わせて作成した
地面を蹴ったポーズ

走りのサイクルアニメーションで、中間の地面を蹴っているポーズです。右足の位置がずれないようにポーズを作成します。Rootコントローラは動かしません。

手順 3 踵から着地する1歩目のポーズ(9フレーム)

左足を次のラインの位置に合わせて接地ポーズを作る

3-1

9フレームでRootコントローラは動かさずに、左足の母指球と次の地面のラインを合わせ、足が踵から接地する走りのポーズを作る。

Rootコントローラを動かさないので、全てのコントローラを移動してポーズを作ります。

手順 4 踵から着地する2歩目のポーズ(17フレーム)

右足を次の足の位置に合わせ、接地ポーズを作る

4-1

17フレームで右足の母指球が3番目のラインの上にくるよう移動し、その点を基準に前に出た右足が接地する走りのポーズを作る。

World操作においても、Local操作と同様に必要な歩数分の前に出た足が接地した時のポーズを作成します。その後中間の3つのポーズを作成すれば走りのノンサイクルアニメーションの完成です。

Local操作にもWorld操作にも一長一短があり、アニメーターの好みもあるため、どちらが優位という事はありません。動きによって組み合わせて使う場合もあるので、どちらにも対応できるように練習しておくとよいでしょう。

歩きと走りの考え方

ここまで歩きと走りの3DCGアニメーションの作り方を解説してきましたが、いかがだったでしょうか？　どちらかというと手順の解説という方向で話を進めてきました。歩き・走りのアニメーションが難しいという声はよく聞きますが、不得意な人程手順を追っているだけで、動きの流れを理解していないようです。最後に歩きと走りの考え方を確認してみます。

Q.9

問題9

「歩き」と「走り」という運動を考えてみましょう。
「歩き」とは何でしょうか？　「走り」とは何でしょうか？
それぞれについて説明してください。

Q.10

問題10

それでは人が歩く時はどのような動きをしているでしょうか？
言葉で説明してください。

A.9

問題9の解答

「歩き」、「走り」とは、足（脚）をもつ動物が行なう足（脚）を使用した移動方法の中で、水平方向に面の上を移動する事を指します。一般的に比較的低速の移動を「歩き」といい、高速になると「走り」になります。4章で説明しましたが、全ての足が地面から離れてしまうと、速度が遅くても「走り」と考え、「歩き」とは区別します。2足歩行動物の場合、足以外に手を併用する移動を「這う」と呼び、「歩き」、「走り」とは区別します。蛇のような足の無い動物の移動も「這う」といいます。

A.10

問題10の解答

片足ずつ順番に足を出して身体を前に移動させる……といったところでしょうか？
腕の振りや身体の動きまで書いてあれば合格といってよいかもしれません。

歩きについて考える

何を言っているのかと思われた方も多いかと思います。正解とした内容でアニメーションを作成する事ができるのかを考えてみましょう。最初の「歩き」と「走り」の違いについては、実際の動きについて触れていないので、全く役に立ちません。2番目の回答も具体性に欠けているのであまり意味がないでしょう。

人が歩く際は何を考えているでしょうか？　答えは「何も考えていない」です。「あそこに行こう」といった目的は考えますが、身体の動き自体については考えていません。足を上げようとか、身体を前に出そうとかを思考する事なく、身体は無意識のうちに動いているのです。しかしアニメーターは、動きそのものを考えなければなりません。

という事で次は動きを「言葉」にしてみましょう。

①片足を前に出す
②反対の足を前に出す

腕の動きが入っていないので修正します。

①片足を前に出し、腕を反対に振る
②反対の足を前に出し、腕を反対に振る

これでよさそうですね。先程のQ10の回答にこう書いた人もいたのではないでしょうか。05、06のポーズです。

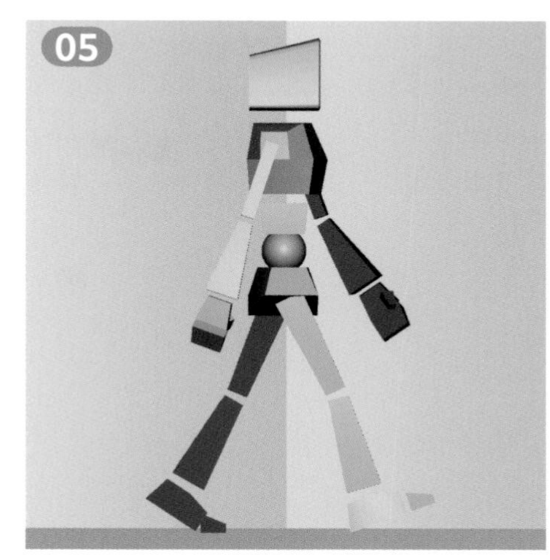

右足を前に出して足を開く

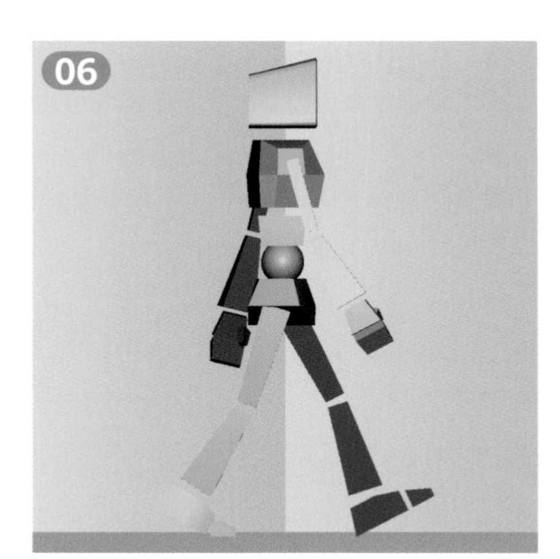

左足を前に出して足を開く

それでは実際にこの動きをやってみましょう。歩きの場合、最初から歩いている事はないので、立っているところから歩き出す動きを考えます。足だけを前に出そうとしても身体は前に出てくれません。07のように足を上げてもその場で行進する事になってしまいます。

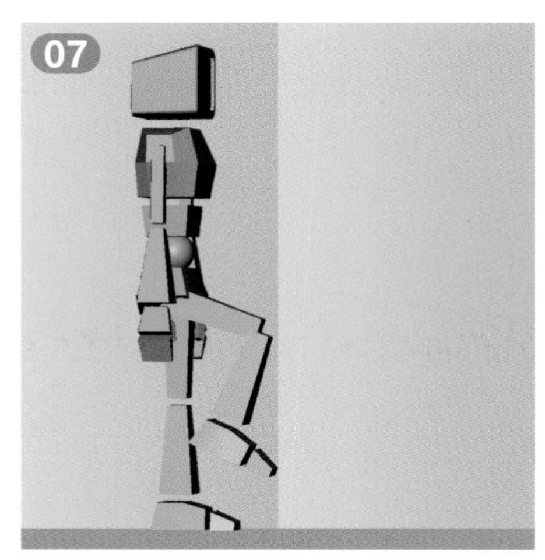

片足を上げただけの状態

何が足りないかを考えましょう。身体を前に出すためには足を前に出すより先に、重心を前に出す必要があります。人は初めの1歩を踏み出す際に、足を上げながら無意識に身体を前に傾けています 08。

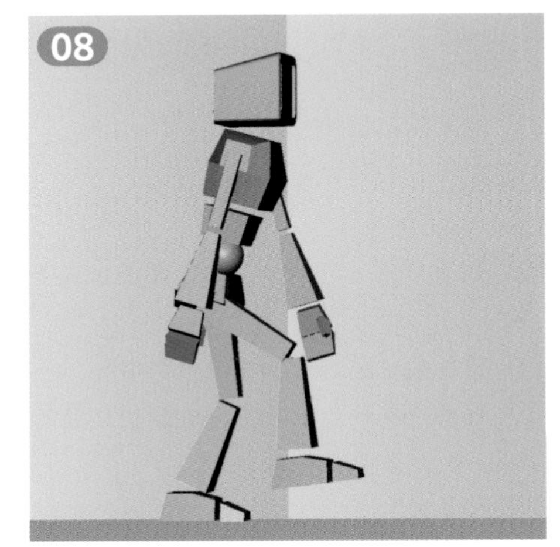

身体を前に倒し重心を前に出しながら片足を上げる

すると身体は前に出ますが、前に出た足でそのまま身体の動きを止めてしまうと歩きにはなりません 09。歩きが止まらないようにするには、後ろの足で少し身体を押し出してあげる必要があります。

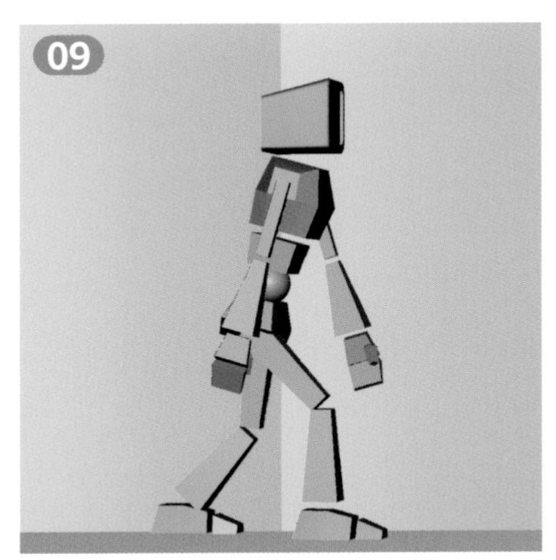

前に出たところで止まる

身体自体には既に勢いがついているので、後ろの足で軽く押し出すだけで継続的に前に進むようになります 10。後は順番に片足を出す動作を繰り返せば歩きになります。

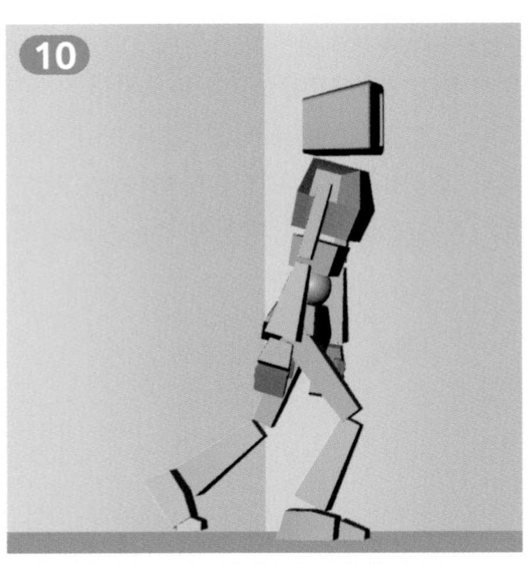

後ろの足で押し出してさらに身体を前に出す

もう少し身体全体について考えてみましょう。足の動きだけで済めばよいのですが、重い足を1歩ずつ動かすには大きな力が必要です。そこで別の重い部位である腕を足と反対方向に動かすと、お腹を中心とした捻りの運動になり、足だけを動かすよりも少ない力で歩けるようになります11。このような理由で人は腕を足と反対に振って歩いているのです。そしてその腕と足が前後する際に、腰は足が動きやすい方に、上半身は腕を振りやすい方に回転しています。

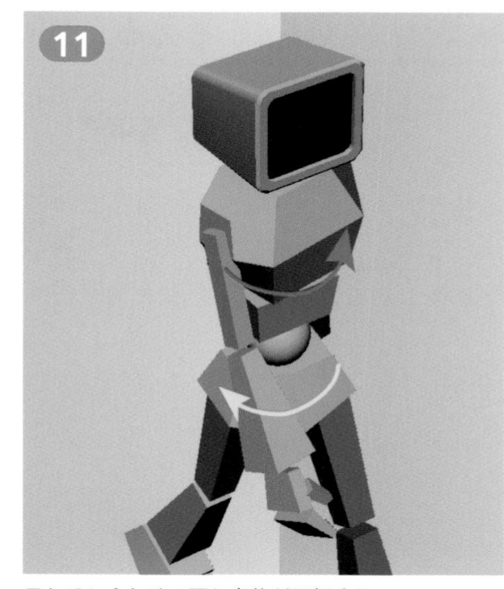

足と手に合わせて腰と身体が回転する

最後にもう1度歩きの動きを整理してみましょう。
①片足を前に出し、腕を反対に振る
②足を前に出した後も身体は前に進む12
③後ろの足で身体を前に押し出す13
④足と腕の動きが楽になる方向に上半身と腰が回転する11
⑤反対の足を前に出し、腕を反対に振る（以降、繰り返し）

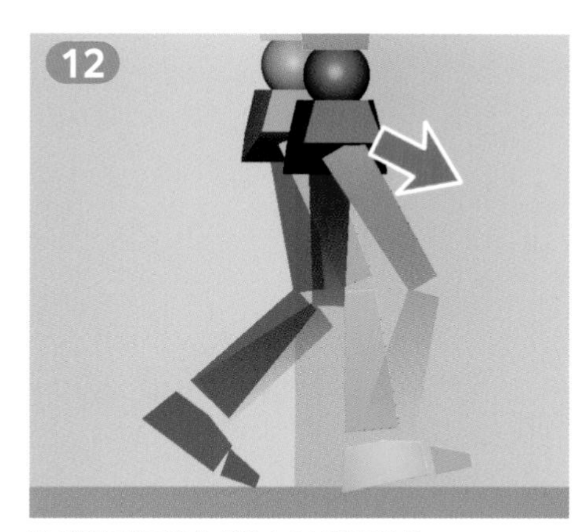

腰が前に出て身体が低くなり前に進む

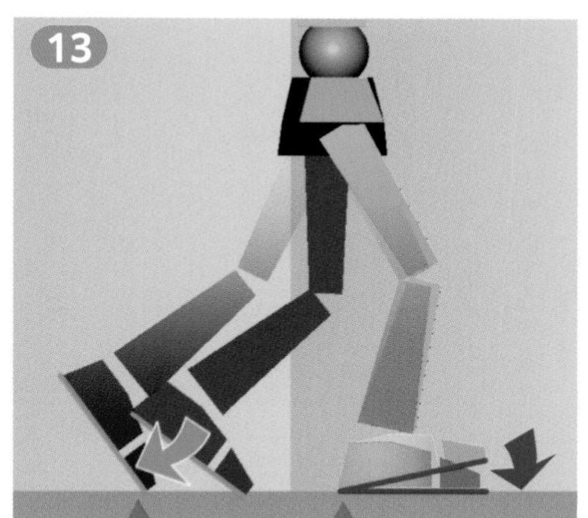

前の足で身体を支え、
後ろの足で身体を押し出し前に進む

歩きのアニメーションが苦手という人は、最初の足を前に出すというイメージのみでポーズを作っている事が多いのです。上の②③④の項目が漏れていないか確認してみましょう。

走りについて考える

それでは、走りについても歩きの時と同様に言葉で表してみましょう。

①腕を前に振り、腕と反対になった後ろの足で地面を蹴って前に進む。前の足は膝を曲げて上げる⑭
②順番に左右の足をを入れ替えて地面を蹴って進む⑮

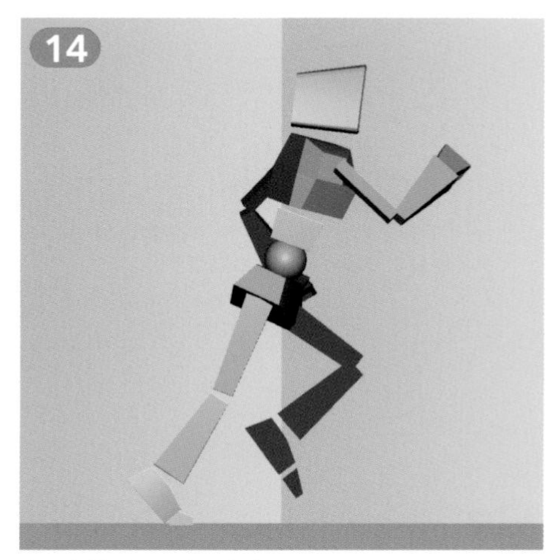

右足を伸ばして地面を蹴る

左足を伸ばして地面を蹴る

走りは動いているイメージが歩き以上に強いので、このように考えるのが自然でしょう。走りも歩きと同様に走り出しの動きが必要ですが、身体を前に傾けると⑭のポーズを簡単にとる事ができます。ただしこのポーズをとっただけでは直後に前へ倒れてしまうため、⑯のように足を出して止まってしまうはずです。

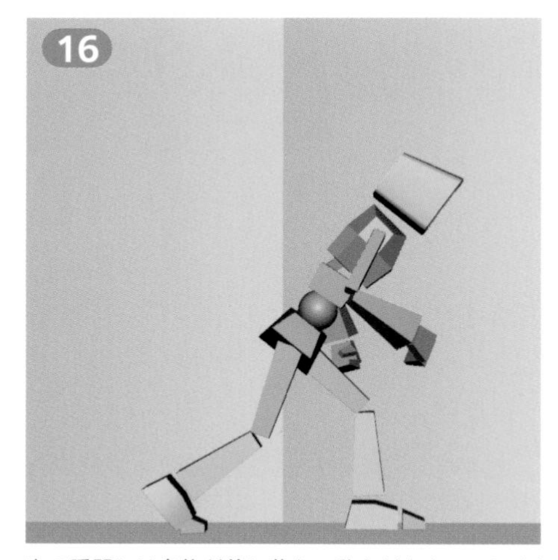

次の瞬間には身体が前に落ちて動きが止まってしまう

走りには勢いが必要なので、17のように走り出す前に屈んでいれば、次の瞬間に足を出して止まってしまう事はなくなります。さらにこの後で膝を伸ばしてジャンプすれば次の走りへ繋げられます18。

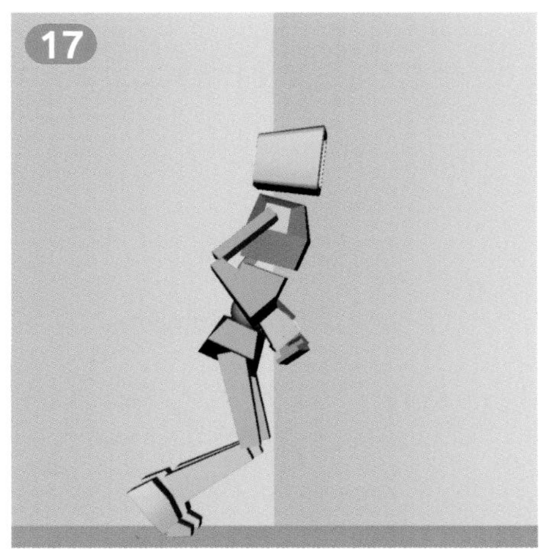

膝を曲げて力をためる

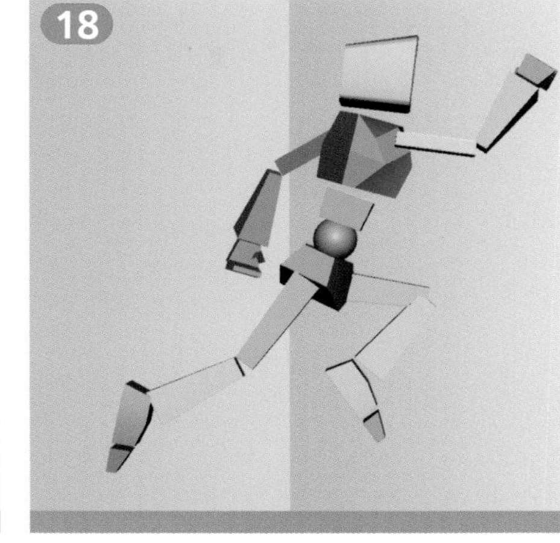

右足を伸ばしてジャンプする

説明図は少し大げさにしてありますが、走りのイメージをこのように考えると理解しやすいでしょう。最初に書き出したイメージの裏には、このような運動があると意識してアニメーションを作成すると、動きの流れを作りやすくなります。

さらに具体的な身体の動きを説明すると、後ろにあった足を前に出す際の反力を用いて、反対の足で地面を蹴ります19。その時に上半身を反対へ回転させる事により、より前に進む力を大きくできます。その上半身の回転は腕を力強く動かす事で、さらに強力になります20。このように走りは全身を使って後ろの足で地面を強く蹴る事により、身体を前に進める動きといえます。

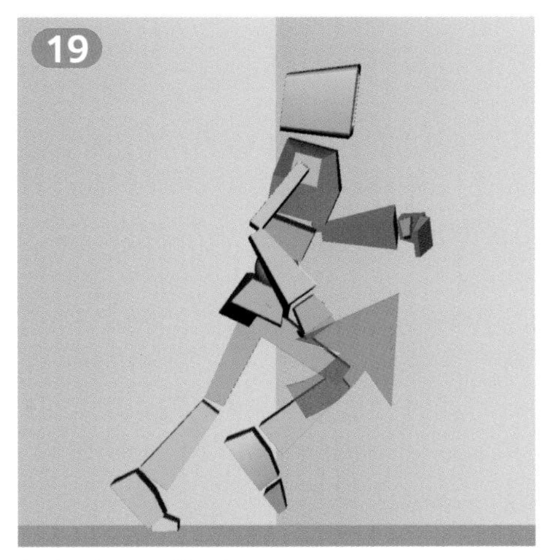

右膝を前に出し勢いをつける

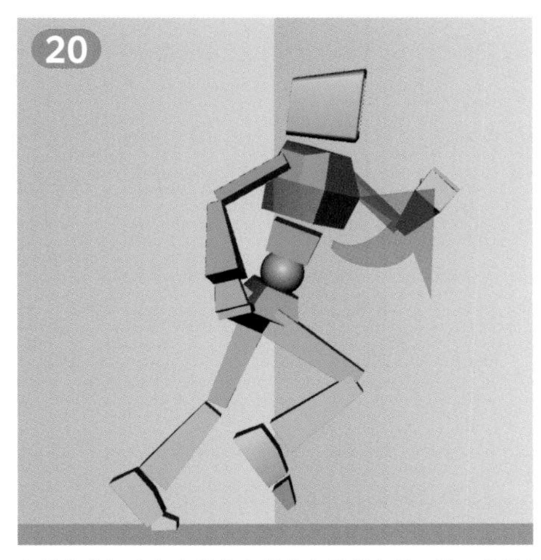

左腕を前に出しながら上半身を回転させて勢いを追加する

人はこのような運動を無意識に行なって走っているので、アニメーターは動きを分析・意識して動きをつけなければなりません。

これでサイクルアニメーションとノンサイクルアニメーションでの歩きと走りの解説を終わります。次はいよいよ様々なアニメーションの動きを確認していきます。どのようなアクションでも、歩きと走りが関わってくるものです。歩きと走りの動きをしっかりと習得しておきましょう。

動きと違和感

出来上がったアニメーションの良し悪しは、どのように判別すべきなのでしょうか？　あなたが既に仕事をしているのであれば上司に見てもらえばよいでしょう。学生なら先生に判断してもらうべきでしょう。そのような環境にない場合はどうしたらよいのでしょうか。実は、家族や友人に見てもらうのが効果的です。

プロでも何でもない、いわば素人である家族に見せたところでどんな意味があるのでしょうか。実は専門家ではない一般の人の目は動きに対して非常にシビアなのです。人は本能的に怪しい動きを見分ける事ができます。街を歩いていて「あの人は何か変だから近寄らないようにしよう」などと感じる事は普通にあります。何をもって「普通ではない」と判断しているのかというと、その人の微妙な動きの変化を見ているのです。そこに理屈はありません。「何かが変だ」と感じるのは外見そのものである場合もありますが、動きから判断している場合が大半です。

人は様々な情報から危険を察知して、その危険を避けようと行動します。動きというのは不思議なもので、不自然な行動をとっている人を見かけると、分析など何もせずに「何か変だ」と感じるのです。つまり、アニメーションを全くの素人である友人や家族に見てもらうと本能的な感想を伝えてくれます。「何か変だ」、「カッコイイ」など、抽象的な言葉ではありますが、正確な判断をしてもらえるものです。

ただし、どこがどう変なのかは教えてくれません。そこが難しいところなのですが、自分1人だと分からなくなってくるものなので、ぜひ誰かに見てもらうようにしてください。親切な人であれば、分からないながらも自分なりに考えて「ここがおかしい」と指摘してくれるかもしれません。その指摘が合っているかどうかは、あなた自身が判断する必要がありますけれど。

6章

アニメーションの12原則

ディズニー・スタジオのアニメーターの著書の中には、アニメーションには12の原則があり、よいアニメーションを作成するためにはこれを遵守すべきだと解説されています。その書籍で表された12の原則は「アニメーションの12原則」と呼ばれ、アニメーターにとって重要な指針として扱われています。ここでは本書で紹介している事例と12原則を関連付けて、3DCGアニメーション視点で解説を行なっていきます。

アニメーションの12原則とは

ディズニー・スタジオのアニメーターによって書かれた『Disney Animation 生命を吹き込む魔法 The Illusion of Life』(1981) という書籍の中に「アニメーションの12原則」という項目があります。アニメーションの作成中は当然ですが、この12原則を作成後のチェックリストとして活用すると、間違いや不十分な点を発見しやすいので覚えておきましょう。

アニメーションの12原則を理解しやすいように、見出しの右側にアイコンを作成してあります。他の章では12原則との関連性が分かりやすいように、ページ上部に色のついたアイコンを表示しています。これまでの章の解説でも12原則は使われているので、その部分をふり返りながら順番に確認してみましょう。

スローイン・スローアウト

Slow In and Slow Out

ゆっくり動き出してだんだん遅くなり止まる、という動きです。

動物、道具、そのほか全ての物を動かそうとした際、物には重さがあるのでスローイン・スローアウトの動きになりますが、重さによってその動きは変わるのでしっかり観察して対応しないといけません。3DCGの場合には、アニメーションの設定がデフォルトでスローイン・スローアウトになっている事が多いので、実際の動きと比較して調整しましょう。

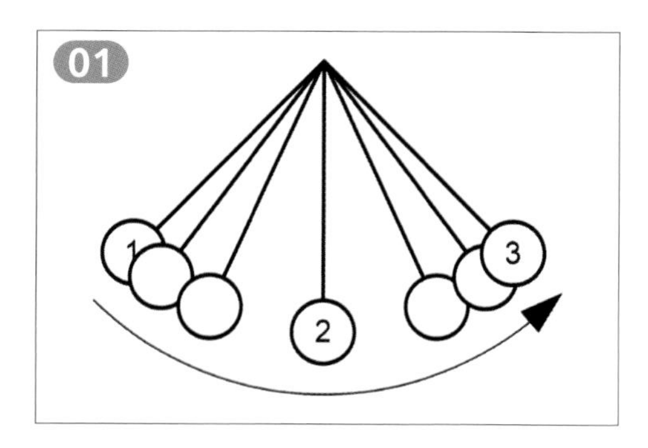

2章：振り子の運動（P10）で説明されています 01。振り子の運動は、スローイン・スローアウトの最も典型的な例になります。

ストレート アヘッド・ポーズ トゥ ポーズ

Straight Ahead Action and Pose to Pose

ストレート アヘッド：最初の絵から最後の絵までを順番に描いていくアニメーションの作り方です。

ポーズ トゥ ポーズ：原画と動画に分けて描くアニメーションの作り方です。

3DCGのキーフレームアニメーションは「ポーズ トゥ ポーズ」で作成する事が多いのですが、複雑なアクションなど、動きの流れを重視する場合には「ストレート アヘッド」の考え方に沿って作成します。1章：2Dアニメーションの制作工程（P5）が「ポーズ トゥ ポーズ」に対応する部分です02。

原画は3DCGアニメーションを作成する上でも、キーポーズとして重要なポーズになります。それではここで、手描きのアニメーションの問題を解いてみましょう。

Q.11

問題11

下の画像は、5秒分の手描きのアニメーションです。原画に設定すべき絵はどれでしょうか？　番号を書き出してみましょう。

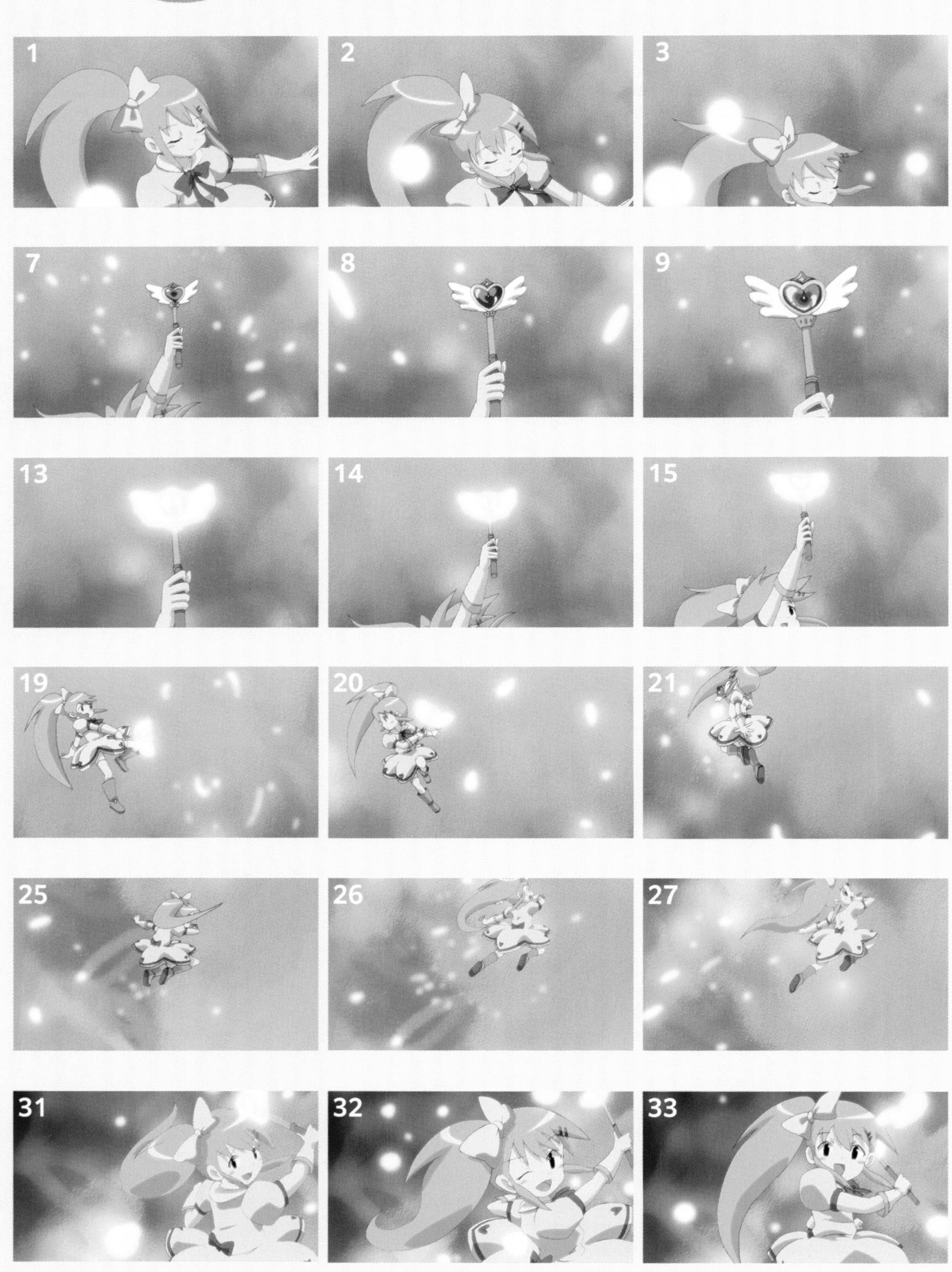

4
5
6
10
11
12
16
17
18
22
23
24
28
29
30
34
35
36

A.11

問題11の解答

1、3、4、6、9、15、16、17、19、21、24、27、30、32、34、36の絵が原画です。間の絵は動画を担当するアニメーターが中割りした動画です。原画を担当するアニメーターによって解釈は変わりますが、一般的に動線ベクトルの方向が変わるところで原画を描くといわれています。問題のアニメーションは動きが激しいため、細かく原画が入っています。3は4から急に腕を上げるため、16は1度手を広げるために原画を増やしたものです。

問題のアニメーションには全体にエフェクトが入っています。エフェクトは流れに沿って、頭からつけていくので「ストレート アヘッド」の手法となり、キャラクターのアニメーションに対して後から描いていく事もあります。

3DCGアニメーションの場合だと12、22、29が加わります。キーを打つタイミングは原画と同様と考え、もう1度見返してみると参考になるはずです。

演出

Staging

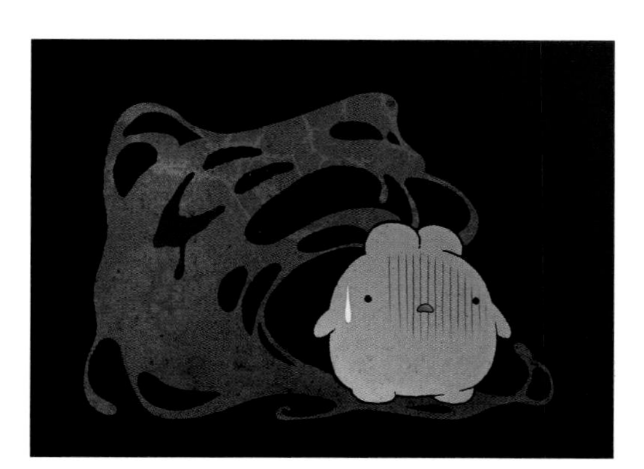

アニメーションを効果的に見せるために必要なカメラワーク、照明効果等の映像の知識や技術の事です。

アニメーションはキャラクターを動かすだけではありません。最終的な映像として出力する際の、カメラの角度やショットサイズ、照明の明るさや向きなど「映像の効果」というものを考えておく必要があります（詳細は9章で説明します）。

「勢いよくパンチを出す」というアニメーションを考えてみましょう。正面から、斜め上から、横から……カメラの向きはどれがよいでしょうか？　上半身だけ、腰から上、全身……画面に入れるサイズはどれがよいでしょうか？　そしてポーズはどのようにしますか？

アニメーターとしては当然ポーズを気にするでしょう。しかしせっかく作ったそのポーズも、カメラの向きや画面上でのサイズによっては無意味になってしまう事があります。正面からでは腕の伸びが見えませんし、横からでは迫力が感じられません。アップにしすぎてポーズが見えなくなってしまう事もあります。そのため出来上がったポーズ（アニメーション）をシルエットで捉えて判断する必要があります。このアクションを分かりやすく伝えるという事も「演出」です。

アニメーターはカメラから見たキャラクターのシルエットを確認しながら、アニメーションを作成しなければなりません。1章：映像化（P8）で「演出」の内容に触れています03。1章では簡単に「背景、照明、エフェクトなどの様々な要素」とひと言でまとめていますが、この部分を「演出（Staging）」と考えなくてはいけません。

例として03のキャラクターアニメーションを作成する事を考えてみましょう。画像では煽りですが、カメラの向きやサイズが全く分からなかった場合、アニメーションを作成できますか？　カメラは後ろから？　前から？　上から？　足元は見える？　顔のアップ？　遠くから？　このシーンの前後は？
条件によってアニメーションの作り方や、力を入れる部分が変わってきます。シルエットを考えるとポーズ自体も変わってきます。アニメーターに任される部分が大きい程「演出」の力が要求されるようになるのです。

アピール

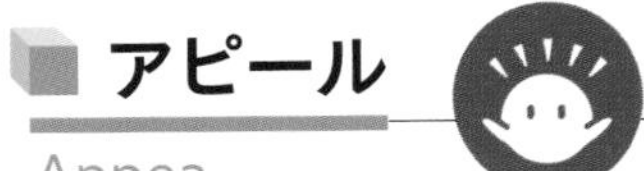

Appea

キャラクターの魅力をアニメーションの中で表現できているか、魅力的な動きができているかという概念です。

主人公はもちろん、敵役や脇役にも魅力が必要です。しかしアニメーターが勝手にキャラクター性を作り変える事はできません。キャラクターの設定を理解して、きちんと動きに設定を反映させると考えれば よいでしょう。何も考えずにアニメーションを作ると「キャラが違う」と指摘されてしまいます。

3章：想像力とアニメーション（P32）のキャラクターの違いを考えるという内容が、「アピール」として考えなければならない事です04。

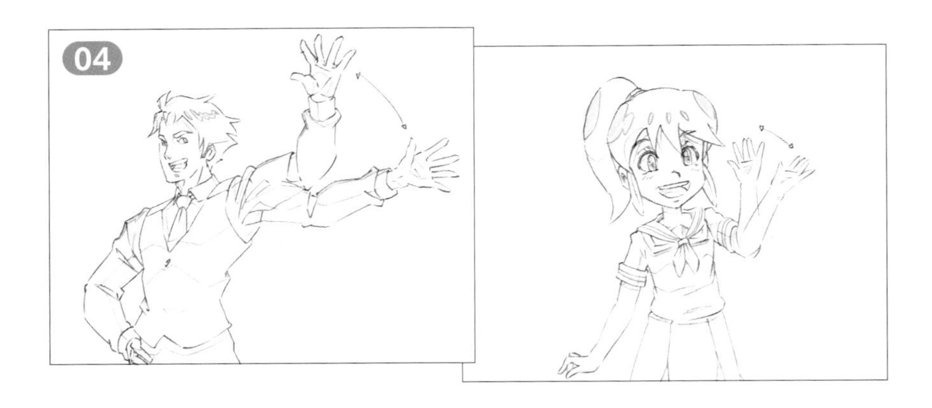

3章：Q7（P37）も「アピール」の問題でした05。キャラクターの個性を考えて動きを変える必要があるという例になっています。

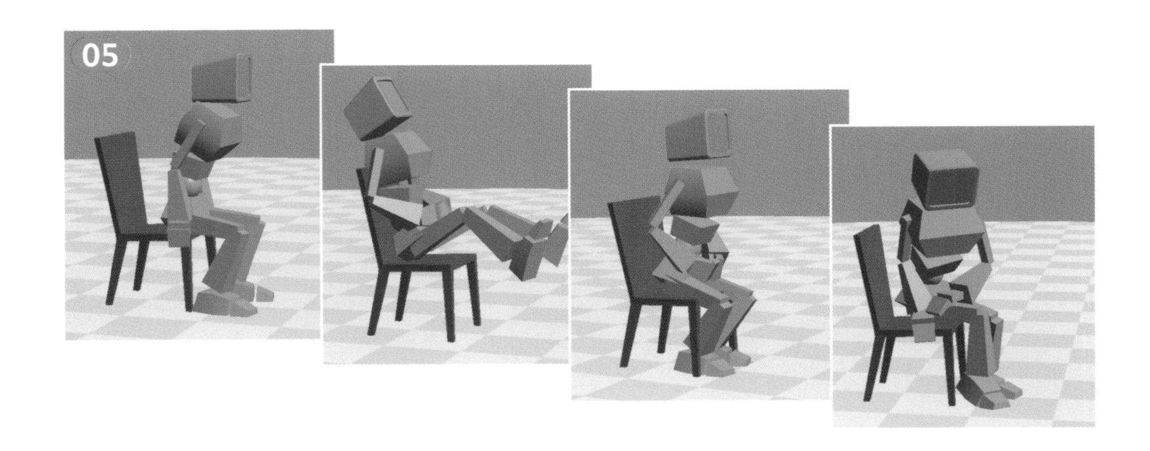

タイミング
Timing

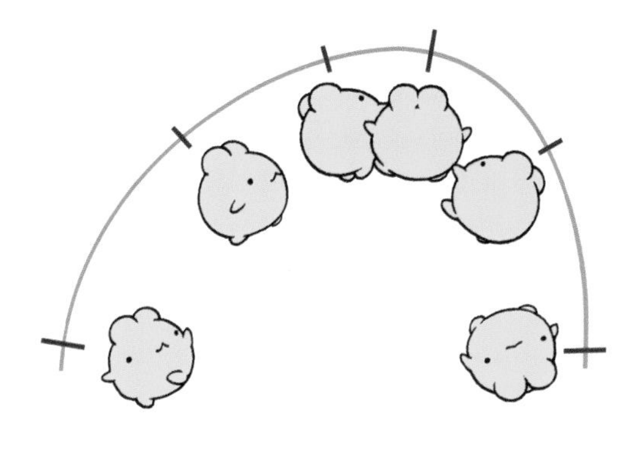

タイミングには2種類の考え方があります。

1つは作成するアニメーションの勢い（速さ）がどのくらいかという事です。ふり向く顔のアニメーションを考えてみましょう。何となく背後が気になって後ろを見る、呼ばれたので後ろをふり返る、大きな音がしたので後ろを確認する、殴られて頭が後ろを向いた。これらは全く違うアニメーションであり、動きに必要な時間も異なりますね。この違いがタイミングになります。

もう1つは同じ時間であっても、その中にどのようなアニメーションを入れ込むのかという事です。手描きのアニメーションで、中割りをどう入れるかを考えると分かりやすいかもしれません。均等に入れる（一定速度）、前に多く入れる（最初の動きがゆっくり）、後ろに多く入れる（最後の動きがゆっくり）、真ん中を少なくする（スローインスローアウト）……いろいろ考えられます。

同じ長さの、ゆっくりふり向くアニメーションの例で考えてみましょう。何かをやっている時に急に呼ばれたのであれば、始めは目を前に向けたままゆっくり顔だけを回し、その後で急いで目と顔を呼ばれた方に向けるような動きをするでしょう。見たくない物が後ろにあるのであれば、顔をしかめ一定の速度で動くかもしれません。母親に注意された場合には慌てて後ろをふり向き、横目で顔色を確認してから向き直るという動きがよいかもしれません。このようにアニメーターは一定時間の中の「タイミング」を調整する事も考える必要があるのです。

2章のアニメーション カーブ（P16）が3DCGで行なうタイミングの調整でした。06は動きの最初の方がゆっくりで、07は最後の方がゆっくりだという事は理解できますね。このようにカーブの調整自体がタイミングの調整になっています。

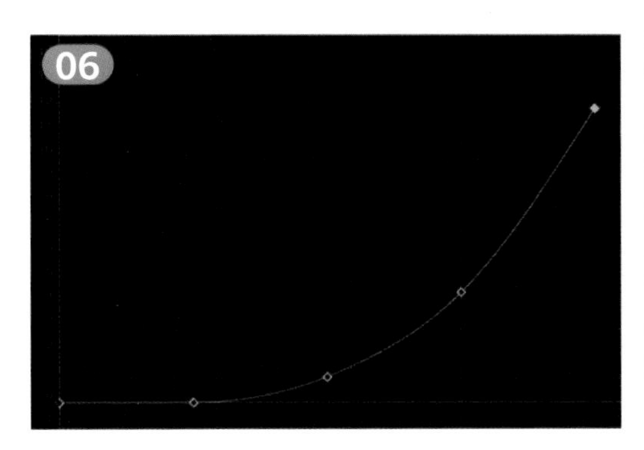

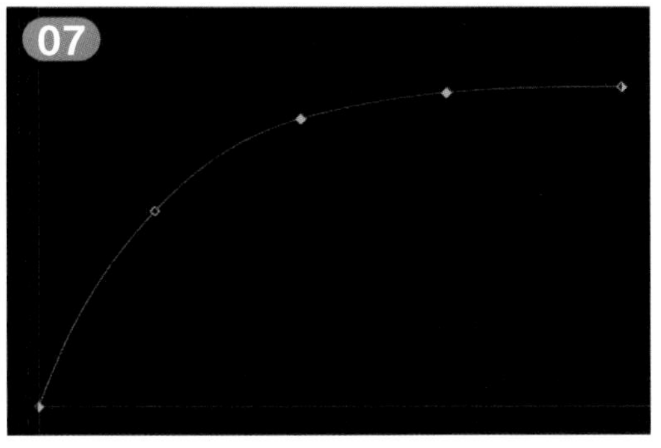

運動曲線

Arc

動くものの動きをなぞった曲線です。

生物は正確に直線的に動く事はできないので、動きを曲線で再現しないと不自然になってしまいます。

3DCGアニメーションを作成する場合は、腕の制御でIK操作を行なうと直線運動になりがちでした。人がコップに手を伸ばす時、手の初期位置とコップを掴む位置にキーを打っただけでは動きが直線になってしまいます。実際の手は「軽く上に上がりながら少し回転しつつコップを掴む」というような、曲線を描いているはずなのです。キャラクターアニメーションで、腰や腕、足首のそれぞれの運動曲線を確認するとアニメーションの善し悪しが見えるので、作成したアニメーションを見る時に動きの曲線をチェックするようにしましょう。

2章：ボールのバウンド（P13）では、ボールの軌跡として説明しています 08 。ボールのバウンドの場合「運動曲線」が放物線になっていました。ここが放物線ではない場合は、動きが不自然だという事です。

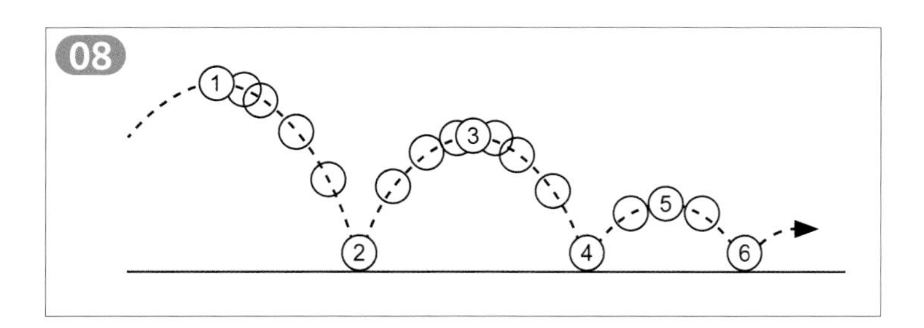

3章：柔らかい自然な動き（P32）の手を振るアニメーションでも運動曲線の説明を行なっています 09 。動きの軌跡が曲線を描いていましたね。

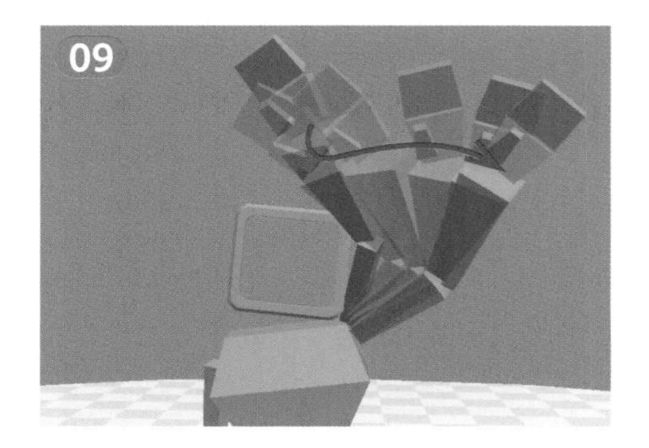

実質感のある絵
Solid Drawing

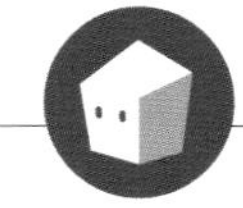

昔のディズニー・スタジオには「その絵は重さと奥行きがありバランスが取れているか」という標語が貼ってあったと書籍『生命を吹き込む魔法』の中に書かれています。この標語が実質感のある絵を確認する指標になっています。

3DCGの場合には元々奥行きがありますが、カメラワーク次第では損なわれてしまう事もあります。これは先に述べた「演出」とも関連する事で、立体感を損なわないように注意する必要があります。3DCGでは特に「重さとバランス」という点に注目し、重さ、硬さ、重心の表現ができているかを考えましょう。

また同書には「キャラクターの動きを左右対称にしていてはいけない」とも書かれています。万歳をした時、両手で物を持ち上げる時など、つい左右対称に動かしてしまいがちですが、左右対称の動きに「実質感はない」のです。注意しましょう。

3章：Q6（P34）のおじぎの問題が実は「実質感のある絵」の問題でした10。重心を意識する事で「自質感のある絵」を作成できます。

2章：Q3（P18）のテニスの壁打ちも「実質感のある絵」の問題といえます11。壁に当たったボールのバウンドの仕方で、球と壁の硬さを表現する事ができます。

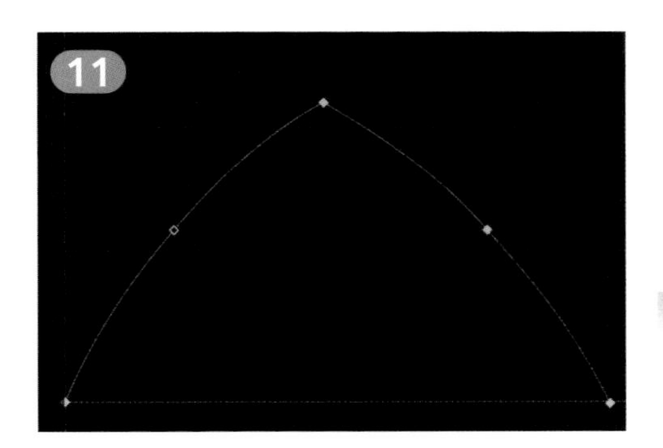

2章：ボールのバウンド（P32）も同様で、ボールと床の材質によってアニメーションの結果は変わってきます12。

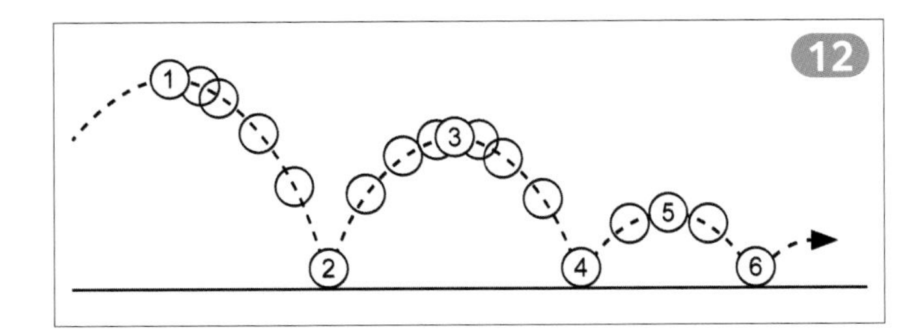

セカンダリーアクション

Secondary Action

メインのキャラクターの動きや感情を強調するために、身体の別の部分を使用して補足するアクションです。

泣くという表現に「手」を用いて涙を拭かせる。怒りの表現に「手」を振り上げ、「足」を踏み鳴らす。イライラの表現に「貧乏ゆすり」を加える。これら全てがセカンダリーアクションです。「手」の動きや「足」の動きを用いなくてもそれらの表現は可能ですが、セカンダリーアクションを追加する事でキャラクターの内面を表現しやすくなり、自然なアニメーションを作りやすくなります。

セカンダリーアクションには、必ずメインのアクションが存在するので、それを補足するよう意識してつけないと、メインのアクションよりもセカンダリーアクションに意識がそれてしまう可能性があるため、注意して使用しましょう。また、疲れて座り込んだ勢いで「横に置いてある花瓶が倒れる」というような身体の外部の要因もセカンダリーアクションと考える場合もあります。

予備動作
Anticipation

予備動作は2つに分けて考えると理解しやすくなります。2つとも同じ内容ですが、目的が違います。

[A] 何かをしようとした際、その動作の前に「自然と行なってしまう」動きの事です。
[B] その動きを視聴者に意図的に伝え、「次の動きを予見させる」事です。

[A] の例を挙げると、人はジャンプをする前に膝を曲げます。膝を曲げて力を貯めないと、きちんとジャンプができないからです。この時に身体は低く構え、腕は無意識に後ろに振っています。またパンチをしようとした際には、無意識に後ろに腕を引きます。肩も同様にに動いています。メインの動きを考えると、ジャンプは飛ぶ事で、パンチは手を前に出す事ですが、それぞれ直前に別の動きが入り、これを行なわないと力の入ったメインの動作ができません。

このようなメインの動きの前に行なう動作を「予備動作」といい、無意識に行なっている事がほとんどです。この「無意識」という部分が曲者で、抜け落ちたり不完全だと作成したアニメーションからリアリティーが欠けてしまいます。

[B] の「次の動きを予見させる」事は演劇で古くから行なっている手法で、**[A]** の「予備動作」を意図的に観客や視聴者に意識させる事です。

演出（P98）の「パンチ」を例に考えてみましょう。アニメーションでは「予備動作」を作成しましたが、カメラの角度や演出などの理由で視聴者が認識できなかったとします。するといきなりキャラクターがパンチを打ち出しているように見えます。視聴者は「何が起こった？」と混乱してしまいます。

一方で事前に「怒りの表情」を見せたキャラクターが、「腕を引いてパンチをする姿勢をとっている」事を見せておけば、パンチが打ち出されると予測できるので、自然にストーリーに入っていけます。この場合「怒りの表情」も予備動作に含まれます。このように次の動きを分かりやすく説明するために挿入する動作が、**[B]** の「予備動作」です。

1つ目はアニメーション自体の「予備動作」、2つ目は流れの「予備動作」と覚えておくとよいでしょう。

誇張

Exaggeration

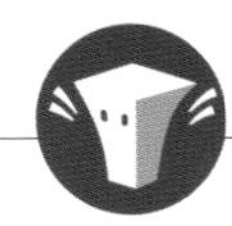

リアルに見せるために敢えて誇張したアニメーションです。

感情表現やアクションシーンのアニメーションを作成する場合、それらの意図が視聴者に伝わらなければ、そのアニメーションは失敗だったという事になります。視聴者に意図やアクションを伝えるために敢えて動きを強調したり大げさにしたりする演出を「誇張」といいます。注意点は「リアルに見せるため」という目的です。視聴者が「大げさ、わざとらしい」と感じるようであれば、それは「誇張」ではありません。あくまでも目的はリアリティーを追及する事です。

アニメーション以外の例として赤いリンゴの絵を描いた場合を想定しましょう。画家は本物のリンゴをしっかりと見てそっくりに描いたのですが、その絵を見た人から色が汚いと言われてしまいました。一般的にリンゴは「赤い」という認識があり、本物以上に「赤」を鮮やかに強調しておかないと「汚い」と感じてしまうのです。それらの誇張された色を「記憶色」といいます。

アニメーションも同様で、実際より勢いをつける、大げさなポーズにするといった「誇張」を行なう事で視聴者が「リアル」と感じる場合が多いのです。どの程度誇張するかのさじ加減は経験から導かれるところも大きいので、よく観察し、失敗を繰り返しながら感覚を身につける事が大切です。

フォロースルー・オーバーラップ
Follow Through and Over lapping Action

1つの動きの中で、身体の各部が別々の動きをする事をフォロースルーやオーバーラップと呼びます。厳密な区別はできませんが、以下のように分けて使われる事が多いようです。

フォロースルー：身体の中で付属部分がメインの動きの後を追ってくるような動きの事です。

オーバーラップ：身体のひねりのように部分部分でタイミングをずらした動きの事です。

髪の毛や衣装のような物は、それ自体は動きませんが、身体を動かすと遅れてついてきます。また身体の動きが止まった時には、そのまま動き続けて揺り戻されます。野球のバッティングでは、バットに球が当たった後、バットを止めようとしても勢いでそのまま振り切ってしまいます。これらの動きがフォロースルーと呼ばれる、アニメーションにおいて重要な概念です。

幅跳びで着地した後に尻餅をついたり、着地の勢いで何歩か前に進んでしまったりする動きや、ガッツポーズや悔しがるしぐさも一連の動作として繋がっているため、フォロースルーとして考えます。

フォロースルーが重要な意味を持つのは、そこでキャラクターの内面を表現できるからです。バッティングで球を打つアニメーションは数フレームしかありませんが、フォロースルーの動作は秒単位のアニメーションになります。力強さ、感情、疲れなど様々なキャラクターの内面を表す事ができる重要な部分なのです。

また先程のバッティングにおいては、腰、胸、肩、腕、肘、手首と、それぞれのタイミングがずれる動きが発生します。このように1つのアニメーションの中でそれぞれが拮抗して動く様子を「オーバーラップ」と呼び、フォロースルーと区別する場合もあります。

3章：柔らかい自然な動き（P32）の手を振るアニメーションの説明にもオーバーラップが入っています⑬。肩、肘、手首という順番で少しずつずらして動かす部分がオーバーラップです。

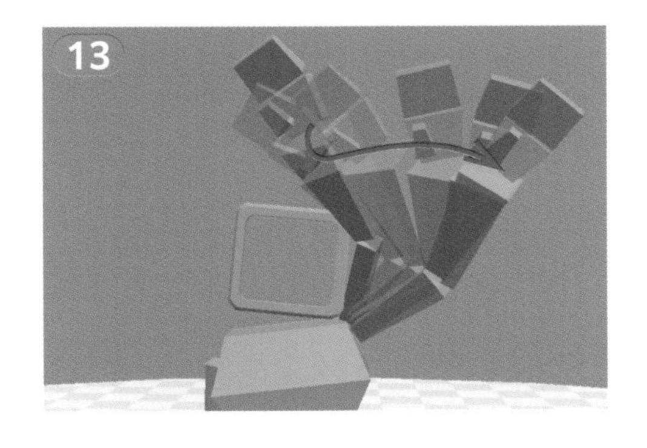

潰し・伸ばし

Squash and Stretch

キャラクターアニメーションで動きを表現する時に、関節や筋肉がきちんと連携して動く事、その際にあらゆる部分に「潰し・伸ばし」が入っている事を考えてアニメーションを作成しましょう。この「潰し・伸ばし」を採り入れる事によって、キャラクターの動きに命を吹き込む事を「潰し・伸ばし」と呼びます。書籍『生命を吹き込む魔法』の中では、「潰し・伸ばし」が最も重要だと伝えています。

例を挙げると、関節を曲げる事で腕を曲げ伸ばしできますが、その際に肩や腕の筋肉も伸び縮みして変形しています。また、肩以外にも背中や胸の筋肉も伸縮し、背中が丸くなる、伸びあがるという運動が全身で連携して行なわれています。このような関連して動く部分にも「潰し・伸ばし」を採り入れて、活き活きとしたアニメーション表現をすべきという事なのです。

日本の手描きアニメーションではキャラクターがしゃべる時に「口パク」という、口だけを動かす手法が用いられています。リミテッドアニメーションの典型的な表現方法です。しかし会話の中でキャラクターの感情をしっかり表現する時には、口だけではなく顎も動かし、目鼻も歪ませて顔全体で感情を表現しています。これが「潰し・伸ばし」の使い方の典型的な例です。

2章：ボールのバウンド（P32）14に「潰し・伸ばし」を入れてみましょう。15のように着地の前後に変形を加えると、ボールのバウンドのアニメーションがより活き活きとして見えてきます。

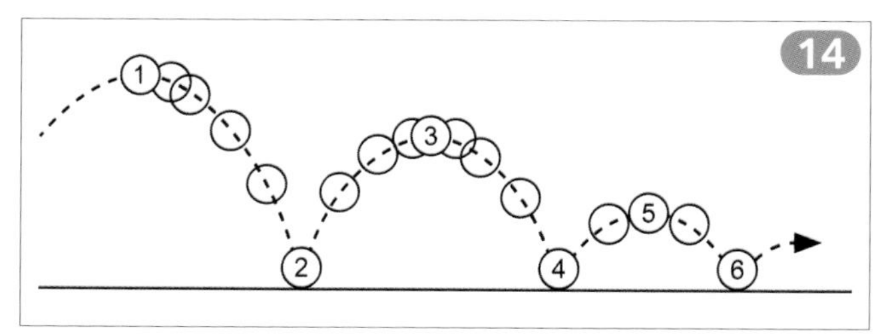

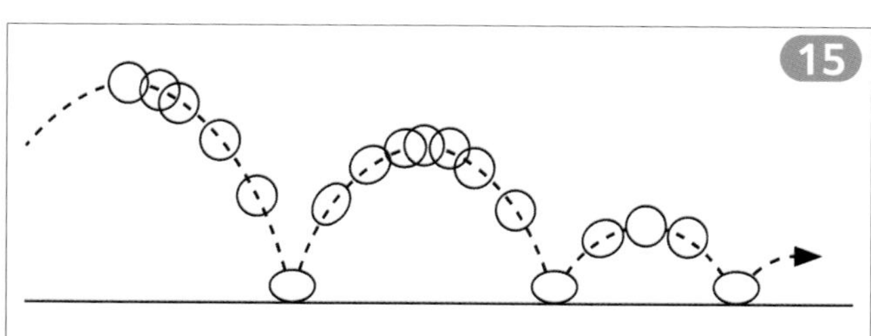

ボールは柔らかいと着地の際に平たく潰れます。その後弾んだボールは元の形に戻ろうとして、ブヨブヨと伸び縮みしながら跳ね上がります。これは実際に目では見えません。またボールは地面に接地する直前と直後が最も速いので、そこで流れて見えるスピードの表現として進行方向に少し伸ばしを加えます。このように視覚的な「潰し・伸ばし」の表現を加えると、ボールが自ら動いているように活き活きとして見えるわけです。

幅跳びの動きを見てみましょう16。人がジャンプをする際は最初に身体を縮めます。そして飛び上がる時に伸びあがり、その後、着地をする直前でも身体をいっぱいに伸ばします。地面に衝突する衝撃を最小限に抑えるために伸ばしておくのです。着地では膝を曲げ、身体を縮めて衝撃を吸収します。これも潰しと伸ばしの表現です。

この動きは15の潰しと伸ばしを加えたボールのバウンドアニメーションととてもよく似ています。ボールの動きに「潰し・伸ばし」を採り入れる事で、ボールが人のように自ら動いているように感じられたのです。

シミュレーションによるアニメーション制作

3Dソフトに詳しい人であれば、3DCGの物理シミュレーション機能を使う事でアニメーションの結果を簡単に得られると考えるかもしれません。正しい考え方ではありますが、物理シミュレーションを用いる場合は、ボールや床等の材質、重力、空気抵抗、初期運動量等の様々なパラメータを正しく設定する事で、はじめてコンピュータはアニメーションを導き出せるようになります。

ボールのバウンドアニメーションのような、単純な運動アニメーションであればリアルな結果を得られますが、それでも1度で思った結果を得る事はなかなかできません。パラメータの変更による試行錯誤に多くの時間を費やす事になってしまいます。

本書で解説しているようなキャラクターの複雑な動きをシミュレーションで再現するには、まだまだ時間がかかると考えた方がよいでしょう。

物理法則とアニメーション

以上でアニメーションの12原則の説明を終わりますが、最後にアニメーションを作成する上で非常に重要な、物理法則と12原則の関係を確認しておきます。4つの問題を出すので答えを考えてみてください。

Q.12

問題12

台車に荷物を乗せて運んでいる時、急に子どもが飛び出してきました。慌てて台車を止めようとしたところ、乗せていた荷物が前に滑り出し、台車から落ちてしまいました。なぜこのような事が起こってしまったのでしょうか？

Q.13

問題13

停止している600kgの軽自動車と1,200kgのスポーツカーが全く同じように加速をしました。消費した燃料を確認したところ、スポーツカーの方がたくさん燃料を使っていました。なぜスポーツカーは軽自動車よりもたくさんの燃料を必要としたのか、理由を考えてみましょう。

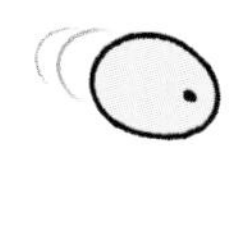

Q.14

問題14

空手で瓦割りの練習をしました。成功した時にはあまり手は痛くありませんが、失敗した時はとても痛いのはなぜでしょうか？

Q.15

問題15

車を坂道に停め、パーキングブレーキ（サイドブレーキ）を掛けた後、用事を済ませるために車を離れました。ところがしばらくして戻ってみると、車が勝手に動き出して坂道をくだり、事故を起こしてしまっていました。もちろんエンジンは掛かっていませんし、パーキングブレーキも壊れていません。事故が起きてしまった理由は何でしょうか？

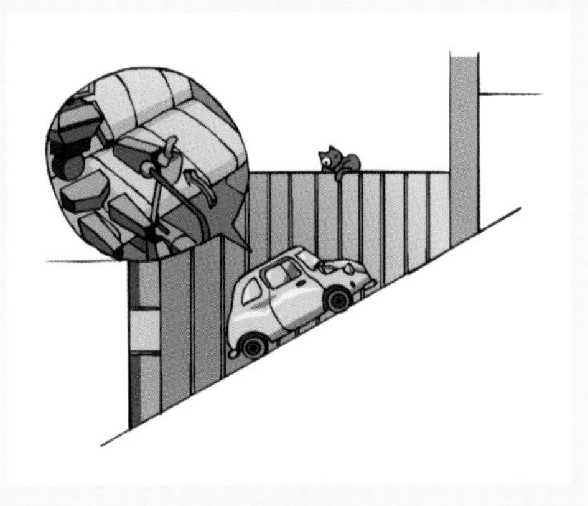

問題12の解答

答えは「台車が急に止まっても、乗っていた荷物は動いたまま止まらないため、前に飛び出してしまった」となります。

運動の第1法則「慣性の法則」の問題です。
全ての物体は、外部から力を加えられない限り、静止している物体は静止状態を続け、運動している物体は等速直線運動を続けます。

例えば、急ブレーキを掛けた車に乗っていた人の身体が前に飛び出そうとする現象も、慣性の法則によるものです。逆に急加速をするとシートに身体が押しつけられる等の表現でも用いられています。画面を動かさなくてもキャラクターの動きで速さを表現できるのです。

A.13

問題13の解答

答えは「スポーツカーの方が車体が重いため、軽自動車よりたくさんの力を必要とし、燃料を多く使用した」となります。運動の第2法則の「加速度は質量に反比例する」というところです。

運動の第2法則「運動の法則」の問題です。
物体が力を受けると、その力の働く方向に加速度が生じます。加速度は力の大きさに比例し、慣性質量に反比例します。物を投げる時に、重い物の方が軽い物より予備動作が大きくなる等の表現の基になります。

12原則に則った解釈を加えます。
台車の動きは「スローイン・スローアウト」になるはずです。当然乗っている荷物も一緒に動きます。しかし台車を止めようとして外的な力が加えられ、動きに変化が起こりました。荷物は元のスローイン・スローアウトの動きを続けようとするので、前に飛び出してしまったのです。台車と荷物は別々の物体ですが動きとしては関連していますので、「フォロースルー」で前に出てしまったと考えます。また荷物はその中身や重さによって動きが変化するので「実質感のある絵」の観点から飛び出すアニメーションを作成する必要があります。

加速で車体の前方が浮き上がる

速度が一定だと車体は水平を保つ

減速時には車体の前方が下がる

12原則に則った解釈を加えます。
発進から停止までは「スローイン・スローアウト」の動きになります。問題では「同じように加速した」と書かれていますが、スポーツカーと軽自動車では動きは違うはずです。この動きの差が「実質感のある絵」の表現になります。同じ速さでも車体が重ければどっしりとした動きになり、軽い車は軽そうな動きをします。車体の前部の上がり方、ホイールスピン、車体の揺れなどで重さを表現する事ができます。

重い物を動かすためにはより大きな力が必要となる

問題14の解答

答えは「瓦が割れた場合、結果的に瓦が動くため反作用が小さくなり手は痛くないが、割れないと反作用が大きく痛みも増した」となります。

運動の第3法則「作用・反作用の法則」の問題です。
ある物体が他の物体に作用を及ぼす時、それとは逆向きで大きさの等しい反作用が常に働きます。

2章：ボールのバウンド（P13）のアニメーションで地面にボールが当たった際に、反対方向に同じ速さで弾むのと原理は同じです。地面に衝突したボールは、地面から同じ大きさの力を受けるため、反対方向に弾みました。瓦割りの際も失敗した時には、手を振り下ろした際の力と同じ力を瓦から受けてしまい、とても痛い思いをするのです。ドアに体当たりしても開かず、身体の方が弾かれてしまう反応も同じ理由によります。

ドアに当たるのと同じ力が自分に返ってくる

12原則に則った解釈を加えます。
瓦の硬さをキャラクターの動きで表現するという意味では「実質感のある絵」を表現します。またキャラクターが腕を振り下ろす際の動きは「予備動作」、「タイミング」、「フォロースルー」という流れで考える必要があります。

A.15

問題15の解答

答えは「パーキングブレーキを軽く掛けていたため、何らかの衝撃が与えられた際に、静止摩擦力よりも車が動き出そうとする力が大きくなり、車が動いてしまった」となります。

摩擦力の問題です。
最大静止摩擦力（物体が動き出す時の摩擦力）は動摩擦力（物体が動いている時の摩擦力）よりも大きく、動き出すと摩擦力は小さくなります。これは少し難しい問題ですが、実際に起きている事故です。そのため教習所では坂道で停車する時は、万が一車が動いてしまっても途中で止まるように、ハンドルを切って停めるように指導しているのです。摩擦力に関しては次で詳しく説明します。

12原則に則った解釈を加えます。
まず坂道に車を止めた時は、タイヤに対して車体がくだり側に傾いた状態で止まります。「実質感のある絵」の表現ですね。動き出す際は「スローイン」ですが、止まる際は事故を起こして急に止まるため「スローアウト」ではありませんので注意しましょう。

摩擦力

摩擦力のもう少し詳細な説明をしておきましょう。

2つの物体が接触している際に、その接触面に生じる運動を妨げる力の事を「摩擦力」といいます。質量をもった静止している物体を動かそうとする際に働く摩擦力を「静止摩擦力」といい、物体が動いている時にその物体の進行方向と逆向きに働く力を「動摩擦力」といいます。物体の質量が大きい場合、その物体を動かすためにより大きな力を要し、ある限界値以上の力でないと物体は動きません。この物体が動き出す直前にかかっている力を「最大静止摩擦力（最大摩擦力）」といいます。

一般的に以下の4つの法則が確認されています。
(1) 摩擦力は垂直抗力（重さ）に比例する
(2) 摩擦力は見かけの接触面積とは関係しない
(3) 最大静止摩擦力は動摩擦力よりも大きい
(4) 動摩擦力は速度によらず一定である

重いタンスを押してもなかなか動きませんが、動き出せば何とか押していけます17。ところが途中でタンスが引っかかって止まってしまうと、また動かなくなってしまいました。この動きは「実質感のある絵」として考えなければなりませんが、摩擦力の特性を知っていないと作る事はできません。

動き出すと止まっていた時より軽い力で動くようになる

面白いのが「(2) 摩擦力は見かけの接触面積とは関係しない」、「(4) 動摩擦力は速度によらず一定である」という点です。同じ重さのタンスであれば4本足のタンスでも、足がなく底面全体で接触しているタンスでも、摩擦力は変わらないという事です。また押している間に摩擦力は変化しない、という点も理解しておいてください。ゆっくり押しても早く押しても動摩擦力は変わらないのです。

物理法則は面倒なようですが、人は本能的に理解しているので、アニメーションでもごまかす事はできません。このように見直してみると「実質感のある絵」と「物理法則」が密接に関係している事が分かります。リアリティのある動きを作るためにも物理法則をしっかり理解しておいてください。

これでアニメーションの12原則と物理法則の解説は終わりです。次はいよいよ様々なアニメーションの練習に入ります。

7章

様々なアニメーション

ここでは3DCGアニメーションの作例として、走り幅跳び、階段の昇り降り、壁登りと飛び降りを解説します。作例としては決して多くありませんが、それぞれの動きの中で身体の動かし方・考え方を確認する事により、様々な動きへの応用力が身につく事を期待できます。また人の動きの例として、老若男女による違いを取り上げているので、キャラクターらしい動きを考えるヒントになるでしょう。

キーポーズとブロッキングアニメーション

アニメーションをつけていると、途中でキーポーズが分からなくなってしまう事があります。動きを修正している間に最初に作成したキーポーズを変更してしまい、まったく別のポーズになってしまうというのもよくある話です。「キーポーズ」＝2Dアニメーションの「原画」と考えると、動きの土台となる原画を描き直してしまった事になり大問題です。またキーポーズでキャラクターの特徴を出した**アピール**を行なっていたとすれば、きちんとした**アピール**ができなくなっているかもしれません。

このような事故を防ぐため、キーとキーの間を3DCGソフトに補間させないようにする方法があり、その手法を「ブロッキング」といいます。

ブロッキングの作成

ブロッキングの例として走りのアニメーションを見てみましょう。01は走りの1歩分のキーポーズを並べたものです。

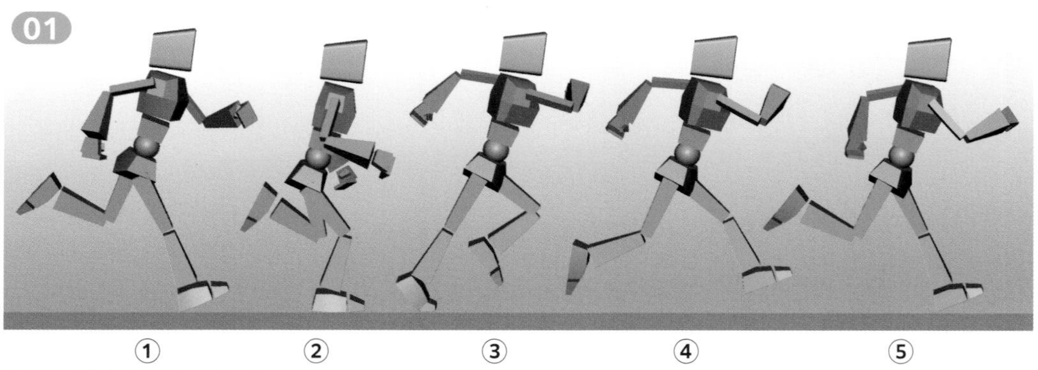

走りに必要な5つのキーポーズ

アニメーション カーブを確認すると02のようになっています。このカーブを全て選択し、接線をステップに変更すると03のようにキーとキーの間が水平線で繋がれるようになりました。これで途中の補間は一切なくなり、キーポーズのみが表示されている状態となります。

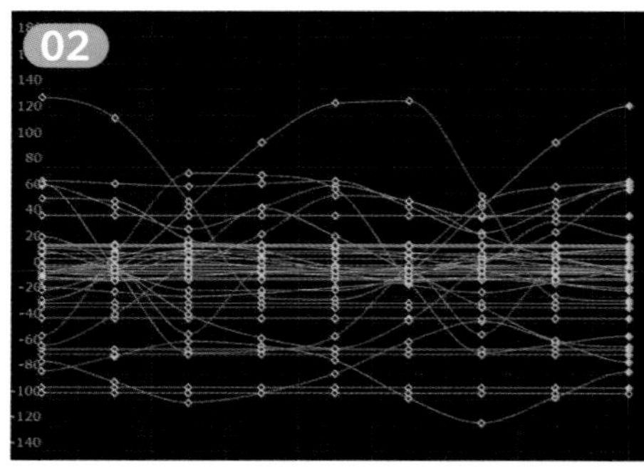

通常のカーブ

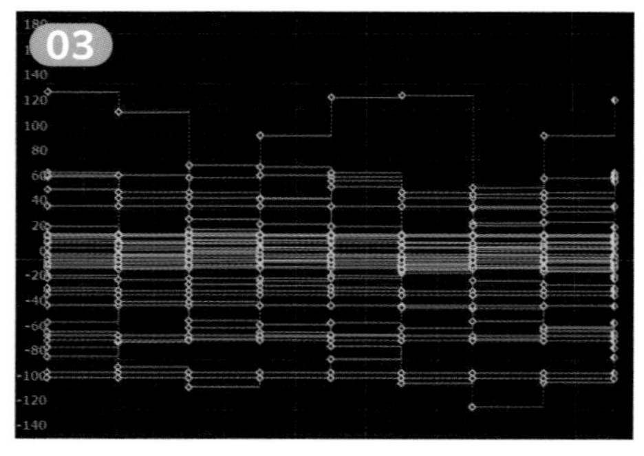

ステップ接線のカーブ

ブロッキングでポーズと**タイミング**の調整が終了したら、全てのカーブを自動接線やスプラインなど、その後で自分が使いやすいカーブに変更し、補間された部分の修正を行ないます。

通常の操作方法と比較して考えてみましょう。1歩で8フレームの場合、04のようにキーポーズ①と②の間には赤く表示した1枚の補間ポーズが入りますが、走るスピードによっては05のように3枚の補間ポーズが入る場合もあります。

04

1歩8フレームで走るスピードの補間例

05

1歩16フレームで走るスピードの補間例

05の3枚の補間が入るスピードで10歩分のアニメーションを作成すると、1歩のポーズは16枚（※）のため、10歩だと160枚ものポーズを確認しながら作業する事になります。実際の作業では図のように補間されたポーズの色が変わるわけではないので、注意深く作業しないと補間された部分を修正しているのか、キーポーズ自体を修正しているのか分からなくなってしまうのです。

※キーポーズ4枚＋各キーポーズ間の補間12枚＝16枚。キーポーズ⑤は次の1歩の最初のキーポーズとなるため、キーポーズは5枚ではなく4枚として数える

ブロッキングで作業を行なえば、作業はキーポーズとスピードの**タイミング**調整のみに限定されるので、作業効率を上げられます。キーポーズに**アピール**が足りないと感じたら、キーポーズ自体の修正も明確に行なえます。

また、アニメーションの作業に慣れないうちは初めの方を丁寧に仕上げすぎてしまい、それに合わせて全体を作成すると時間がかかりすぎるという問題が起きる場合がありますが、ブロッキングであればそのような問題も防げます。

ブロッキングでアニメーション作業を行なう場合の注意点

①キーポーズを作成したら全てのコントローラにキーを打つ

動かさないコントローラにも全てキーを打っておかないとポーズが飛んでしまいます。

②ポーズとポーズの間の動きを考えて次のポーズを作成する

例えば右回転で180度回すべきところで左回転させても、ブロッキングでは同じに見えてしまいます。

オイラー フィルタ

補間方法をステップから別の方法に変更した際、想定していた動きと全く異なる補間がされる場合があります。様々な理由が考えられますが、3DCGソフトにはそのような場合への対処方として「オイラー フィルタ」という機能が備わっています。

例として手を右から左に移動させる際に、手首を360度回転させてしまった場合を考えてみましょう。ブロッキングでは問題なく見えますが、ブロッキングを解除すると、手は右から左に移動しながら1回転してしまいます06。

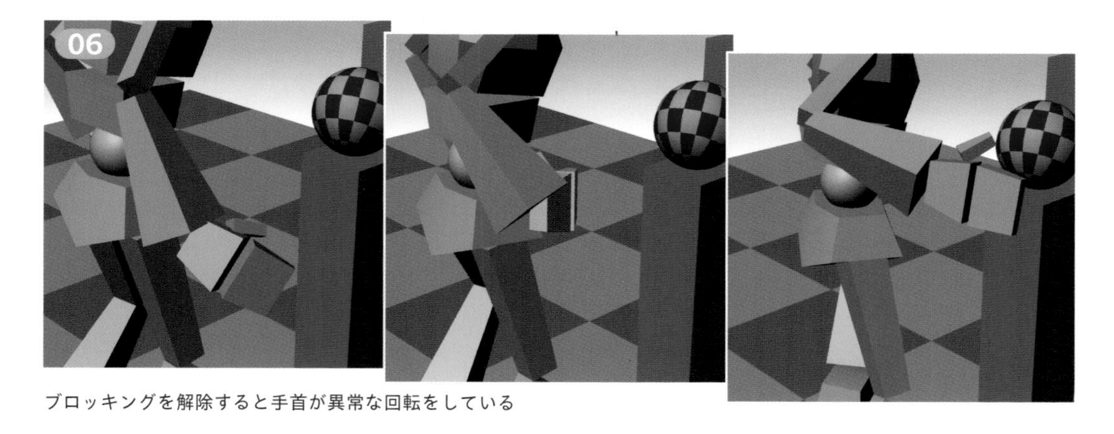

ブロッキングを解除すると手首が異常な回転をしている

07はオイラー フィルタを適用した後の動きです。途中の手の動きが修正されている事が確認できます。

オイラー フィルタにより手首の回転が正常に修正された

極端な例ですが、このような間違いは簡単に起こってしまいます。そこで、ブロッキングを解除した後はまず全体の動きを確認し、問題が起きている部分を見つけたら、そのコントローラを選択して「オイラー フィルタ」を適用させます。先程の手のアニメーションの適用前のカーブが08で、適用後が09です。

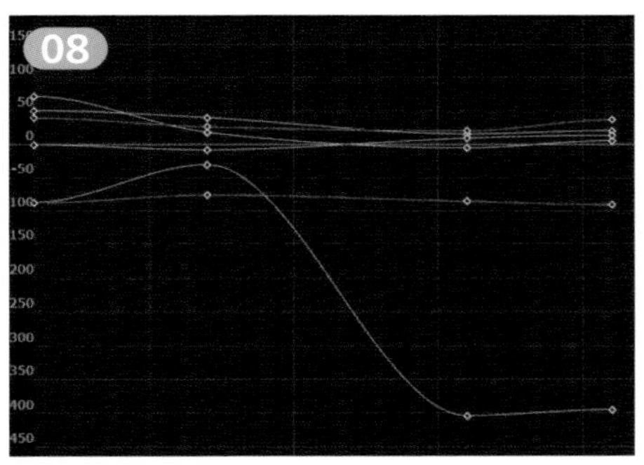

修正前のカーブ

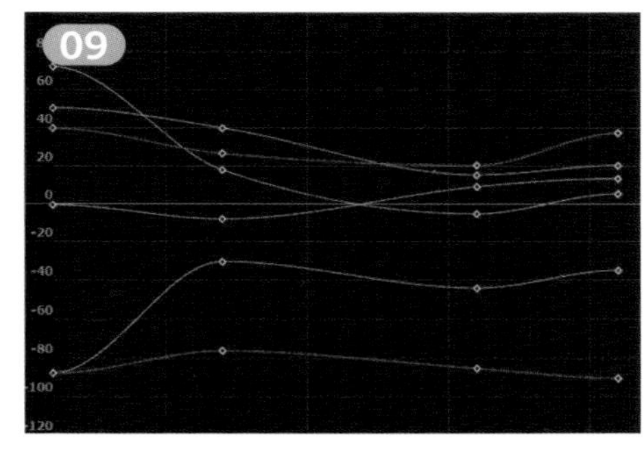

オイラー フィルタ適用後のカーブ

しかし「オイラー フィルタ」はあくまでも補助的な機能です。それでもだめなら自力で修正するしかありません。気をつけなければいけないのは、慌てて自分で修正を入れた後では、オイラー フィルタの効果は得られないという点です。オイラー フィルタはキーからキーの不自然な補間を計算し直すというものでしかありません。キーとキーの間に別のキーを挿入してしまえば、再計算の意味はなくなってしまいます。「ブロッキング解除→アニメーションの確認→修正」という手順を覚えておきましょう。

走り幅跳び

ブロッキングアニメーションの作成方法を確認したところで、この後はいくつか基本的なアニメーションの作例を紹介します。説明はキャラクターの特徴があまり出ないように20才前後の男性を想定し、なるべく標準的な動作になるようにしました。

最初は走りとジャンプを組み合わせた走り幅跳びのアニメーションを考えてみます。走り幅跳びには「かがみ跳び」、「反り跳び」、「はさみ跳び」の3種類がありますが、ここでは1番基本的な「かがみ跳び」で説明します。

1 走る前のポーズ

走り出す構え

1-1

スタンディングでスタートのポーズを作る。

どのような年齢、性別、状況なのかを決めて初期ポーズを作ります。重心は身体の中心におきます。必ずこの初期ポーズで**アピール**をするという意識をもってください。スタートのポーズに入る前にどのような行動をさせるかで、キャラクターの個性をさらに**アピール**できます。

観客に手を振る

その場で飛び上がって気合いを入れる

屈伸をする、前腕を伸ばす、周りに手を振って**アピール**する、真剣に祈る等、いろいろな**アピール**が考えられます10、11。自分がアニメーションをつけようと考えた時にしっかりキャラクターをイメージできているかが確認できます。

2 助走

スタート直後の前傾姿勢

2-1

スタートの低い位置から徐々にスピードを上げ、身体を起こす。

徐々に身体が起き上がる

実際の競技では20歩前後の助走を行ないます。スタート直後は身体を前傾させ、後半は身体を起こしてスピードを上げます。踏み切り直前で最高スピードに到達する事が理想ですが、アニメーション的には後半は一定のスピードで問題ないでしょう。

アニメーションの作成方法はLocal操作でもWorld操作でも、好みの方法で問題ありません。全体のスピード感は当然ですが、部分的にスピードが変わらないようにフレーム数を調整して、**タイミング**をしっかり合わせましょう。

歩幅が小さい人、大きい人、後半で速度を上げる人など様々な走り方のパターンが考えられるので、アニメーションを作るキャラクターに合わせて決めます。常に一流選手を作るわけではありません。運動神経が悪い、走る事が苦手など、想定するキャラクターに合わせて考えましょう。

3 踏み切り

踏み切り直前のポーズ

3-1

踏切板を想定した線に踏み切る方の足を乗せ、ジャンプさせる。

徐々に身体が起き上がる

膝を曲げずに上体を起こし、後ろから前に出す足を素早く高く上げて飛び上がります。腕もしっかり前に出しましょう。

一般的なジャンプの「膝を曲げて上に跳ぶ」というイメージでアニメーションを作成してはいけません。幅跳びでは前に進むスピードを殺してしまうので、飛距離が出なくなります。また前傾していると、上体の動きが使えなくなり足だけで跳ぶようになってしまうので、よい動きとはいえません。

4 ジャンプ

4-1

ジャンプ直後は上体と腕を前に出し、膝を胸の近くまでもっていく。

ジャンプ直後

4-2

その後、着地に向けて腕を後ろに、足を前に伸ばす。

手を後ろに掻いて距離を延ばす

手順4-1を最も高い位置のポーズとし、飛距離を設定して着地に向けて前に進めます。日本人男性の走り幅跳びの平均飛距離は5m弱なので、キャラクターに合わせて着地点を決めましょう。

説明は、かがみ跳びのポーズですが、反り跳びの場合には背中が反り、はさみ跳びでは空中を歩くように足が動きます。幅跳びが苦手なキャラクターであれば動きも全く変わるので、参考動画などを探してみるとよいでしょう。

走り幅跳びは空中を跳ぶ運動なので、ここの**運動曲線**は放物線になっていなければなりません。

5 着地

5-1

しっかり足を延ばして着地の姿勢をとらせる。

膝を伸ばした着地姿勢

5-2

その後、踵が着いた辺りにお尻が入り腕を前に移動させ、立ち上がる。

膝を曲げて着地のショックを吸収する

立ち上がる

14

腰の移動の軌跡（運動曲線）

着地の瞬間は足を曲げて腕を前に出し、衝撃を吸収させます。ここではその後に立ち上がらせました。

競技で使う砂場は柔らかく整備されているので、砂場にもぐりこむように着地します。手等の身体の一部が足より手前に着くとそこまでの距離が計測されるため、手を後ろに着かないよう、身体を捻って横向きに倒れ込むような動作になる事も多いようです。硬い地面に着地する場合は、作例のように着地後すぐに立ち上がれるポーズがよいでしょう。

着地後

アニメーションを作成する際は、着地後の動作もしっかり考えておかなければなりません 12 13。上手くいかなかった時に悔しがるのか、冷静に後ろをふり返るのか、ここでもスタート前の動作と同様に個性の演出をしなければ**アピール**が不十分になってしまいます。

疲れたようす

ガッツポーズをきめる

走る前のポーズから着地までの身体の動きを確認するために、腰の位置を赤いラインで繋ぎました 14。本来の助走は10歩以上必要ですが、今回は4歩分のみの表示としています。これで**運動曲線**を見ると、助走中は直線的で、ジャンプ中は放物線になり、今まで紹介してきた説明と合っている事が確認できます。1歩ずつ歩幅に合わせて地面を赤く示すと、最後の1歩で歩幅が小さくなっている事も分かります。

このように運動曲線を確認する事により、出来上がったアニメーションの善し悪しをチェックできます。

ジャンプと着地の解説

走り幅跳びの場合は助走の勢いを殺さないよう、踏切の際に膝を縮める事はしませんでしたが、一般的なジャンプでは膝を屈めてその力でジャンプします。ここでは立ち幅跳びを例に一般的なジャンプを説明します。

キャラクターアニメーションでジャンプさせる際は、主に次の3つのキーポーズをします。手描きの2Dアニメーションでもこのポーズを原画とします。

①膝を曲げ、身体を低くかがめる
②ジャンプ中の空中姿勢
③膝を曲げて着地する

上記の3つのキーポーズを作成して3DCGソフトに補間をさせると15のような緑色のポーズができました。このポーズは修正が必要なのですが、間違っている事に気がつかない人も多いようです。

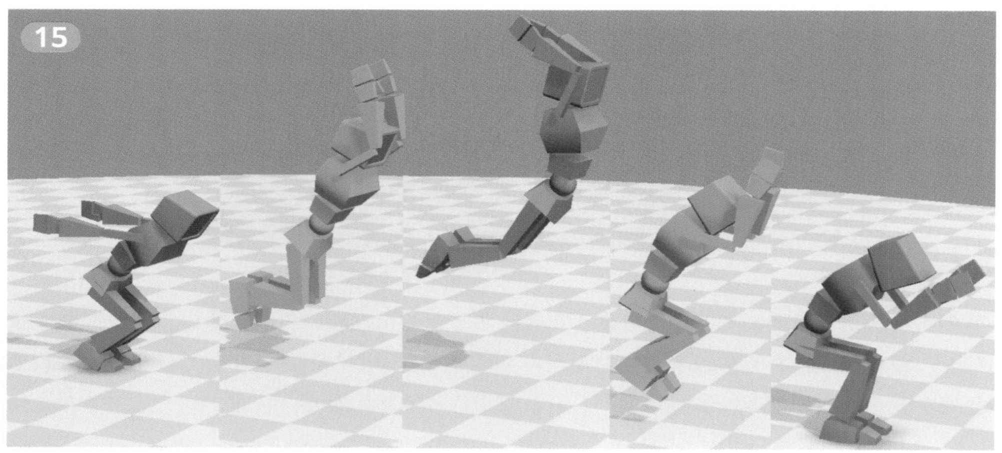

キーポーズ（青）と補間されたポーズ（緑）

人の身体より単純な「バネ」を例にジャンプの仕組みを考えてみましょう16。

A バネを地面にまっすぐに立てる
B 上から力を加え（赤い矢印）、バネを縮める
C 手を離すとバネは縮められた反動（黄色い矢印）で勢いよく元の長さより伸びる
D バネは元の長さに戻り、③で伸びた勢いで上に飛び上がる（青い矢印）

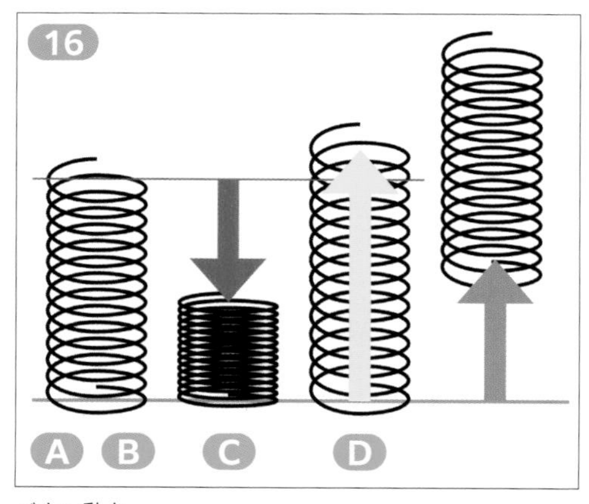

バネの動き

キャラクターのアニメーションもバネと同じ動きになるので、補間された1つ目のポーズはCのように足を地面に着けたまま身体を伸ばしていなければなりません。しかしキャラクターは膝を曲げて空中に浮いたポーズになっています。Cと同じように足を伸ばして地面に足を着けたポーズに修正すると17になります。

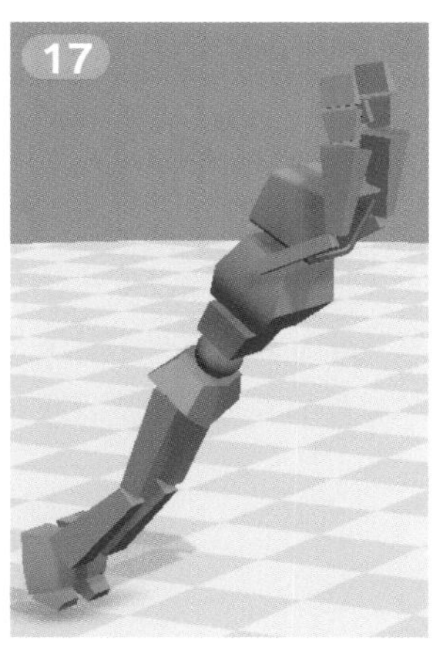

両足を伸ばして地面を蹴る

足を伸ばして着地する

同様に着地をバネの動きで考えるとD→C→Bと逆に戻っていきます。バネは軽いのでそれ程縮みませんが、上に何か重いものが乗っていると重さで縮む事は想像できますね。キャラクターの場合は18のように足を前に出し、踵から接地するポーズに修正します。

正しいポーズに修正したものが19です。

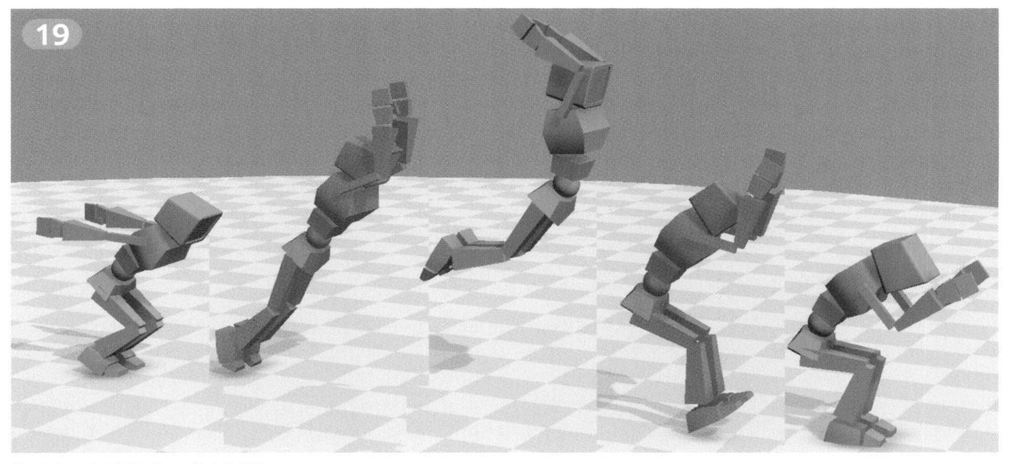

修正された補間ポーズ（赤色）

当然ですがジャンプ中の身体の**運動曲線**は放物線になっていなければなりません。この流れが人のジャンプから着地までの基本となるので、しっかり確認をしておいてください。

階段の昇り降り

歩き、走り、走り幅跳びと、平面での移動を扱ってきました。次は上下の移動を考えて階段の昇り降りを作成しましょう。階段の昇り降りは歩きと同様に前に進みますが、上下方向の動きが加わります。動きの違いから考えてみます。

Q.16

問題16

歩く時も走る時も、共に後ろにある足で身体を前に押し出して進んでいました。階段を昇る時と降りる時は、それぞれ主に使う足は前に出した足、後ろにある足、どちらでしょうか？

①前に出した足　②後ろにある足　③両方変わらない

昇りは前にある足に体重を乗せて身体を持ち上げる動きとなります。急な坂や疲れている時は両手を膝に乗せ、腕の力を補助力として使う事もあり、前の足が重要であると確認できるでしょう。

降りる際は進む動きに関してはほとんど足の力を使いません。空中に前の足を出し、重力で身体を落とすだけで進んでいきます。降りる時に足が疲れるのは、落ちる身体を前の足で受け止めなければならないからです。進む事ではなく着地のショックを吸収するために力を使っています。

まず階段を昇る動きを作成します。手の振りについては説明を省きますが、歩きと同じ動きをすると考えてください。

A.16

問題16の解答

昇り：①前に出した足

降り：③両方変わらない

階段を昇るアニメーション

1 階段下

階段に向かって歩く

1-1

階段の直前まで歩いた、足を開いたポーズから、足が交差するところまでを作成する。足を置く場所は階段が下にもう1段あるイメージで場所を決める。

階段直前に足が交差する位置

身体を前に進めて、後ろの足を軽く上げ、足首の角度を90度にするところまでは歩きと全く同様です。

2 階段に足を乗せる

1段目に足を置いたポーズ

2-1

上の段に前に出した足を乗せ、身体を前に移動し、上体を前に傾ける。

2段目に足を置いたポーズ

2-2

階段を昇る分だけポーズを作る。

前に出した足を階段の上に水平に置き、身体を前に傾けて、置いた足の踵を少し手前まで進めておきます。このポーズを必要なだけ作って前に進めます。

フレーム数は階段の場所まで進んできた歩きに合わせます。作例では踵を空中に置いていますが、足全体を階段の上に乗せてしまう場合もあります。

身体の重心は踵より手前にあり、このままでは前に出した足で身体を持ち上げられないように見えますが、既にここまでの歩きで前に進む勢いがあるので、そのまま前に出した足で身体を持ち上げる事でバランスが取れます。逆にしっかり重心を前に持っていってしまうと、動きの流れが悪くなってしまうので注意しましょう。

3 身体を軸足に乗せる

3-1

足が交差するフレームで身体を上に上げ、膝を伸ばす。後ろから前に出す足を地面に当たらないように上げ、足首の角度を90度にする。

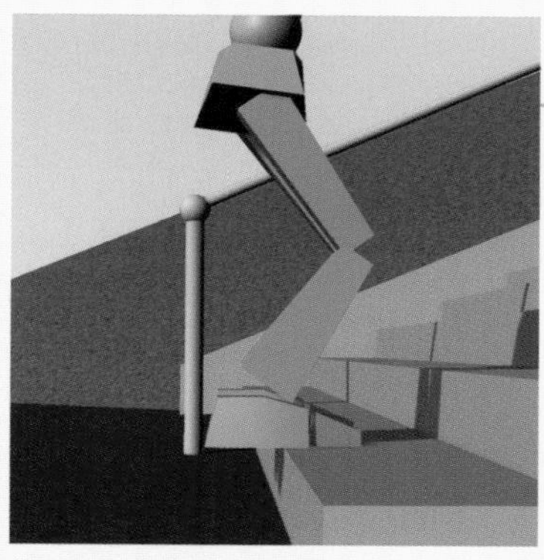

補間で生成されたポーズ

腰を上げて前に出す足を上げる

ここは歩きで足が交差するポーズと同様に考えてください。歩きとの違いは上体が前に傾き、やや先に進んでいる点ですが、これは初期ポーズが歩きと違っているためなので問題ありません。

手順 4 爪先のめり込み修正

補間で生成されたポーズ

4-1

爪先がめり込んでいるフレームを修正する。

次の段に当たらないように調整する

足を次の段に乗せる直前で爪先が階段にめり込んでいたので、足を持ち上げて水平に調整しました。足は下から直線的に上がるため、補間されたままでは爪先が階段にめり込んでしまいます。上の段に足を乗せる際は上から置くべきなので、足は階段より少し上に上げます。作例では水平にしていますが、ぶつからなければ水平にしなくても問題ありません。

完成した階段を昇るアニメーション

これで階段を昇るアニメーションが完成しました。次は降りるアニメーションを考えてみましょう。

階段を降りるアニメーション

1 階段上

階段に向かって歩く

1-1

階段の縁に前に出した足の爪先を置き、後ろにある足を交差するところまでもっていく。交差するところで頭をやや下向きにする。

階段直前で足が交差する位置

足が交差するところまで歩いていくと考えます。昇りと同様に身体を前に進めて、後ろにある足を軽く上げ、足首の角度を90度にするところまでは歩きと全く同じです。ただし次の足を置く場所を確認するために頭はやや下に向けます。これは次の段までの距離と状態を確認するための無意識の動作です。足を置く場所を階段の縁にしているのも、次の足を置く場所までの距離を縮めようとする無意識の行動です。

手順 2 足を前に出す

前に出す足は下に向けて空中に出す

2-1

前にある足を下の段の上に出し、足首をやや下に向ける。上半身は両足の中央に置き、前傾させる。

2歩目以降も同様に作成する

2-2

階段を降りる分だけポーズを作る。

頭をやや下に向けたまま、地面があるかのように足を前に出します。通常の歩きと同様に考えて構いません。前に出す足の足首の高さは後ろにある足と同じにし、20の赤い足のように爪先だけを下に向けます。このポーズを必要なだけ作って前に進めます。

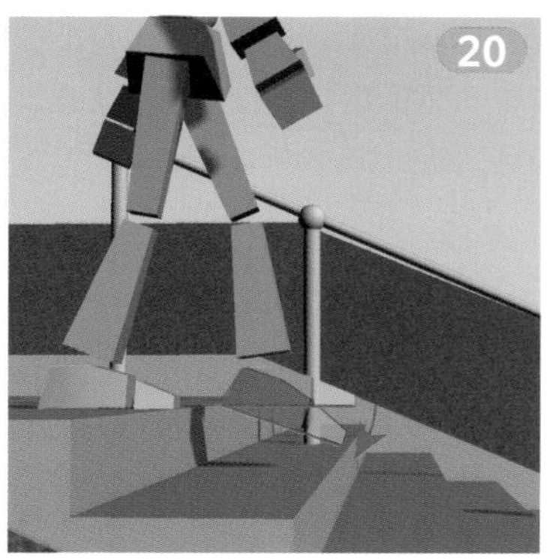

爪先を下に向ける

3 身体と足を下の段に落とす

3-1

左右の足が交差するフレームで前に出した足を下の段に着け、膝が曲がるように腰を下げる。

補間で生成されたポーズ

前に出した足を階段に着け、膝を曲げる

3-2

後ろから前に移動した足を上の段に戻し、足首を回転させて踵を高く上げる。

後ろの足を上の段に戻す

ここの説明は動きが見やすいように、2段目の右足が前に出たところで説明を行なっています。

動きをまとめました21。前に出した足を下の段に乗せ(→)、膝が軽く曲がるように腰を下げます(→)。後ろの足は上の段に戻し、図のような角度になるように回転させ、爪先もしくは母指球が上の段に触れているポーズ(→)を作成します。

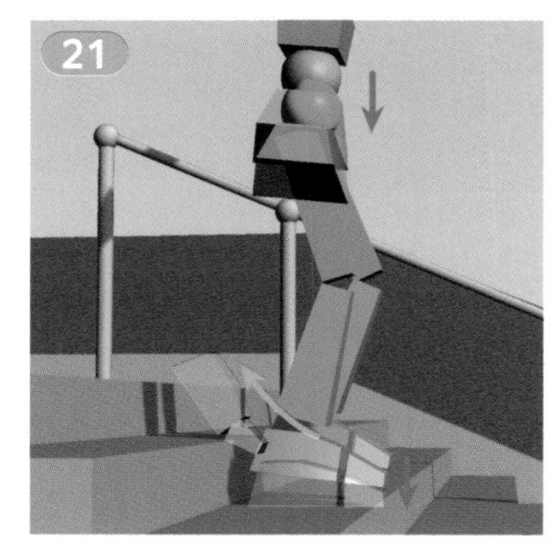

手順3のまとめ

このポーズは階段を降りる時の重要なポーズです。前に出す足を1度ポンと空中に出してから、身体と一緒に下の段に落とします。身体の重さが全て前の足にかかるので、体重を吸収するように膝を曲げる、という動きです。階段を降りる時に膝に負担がかかるのはこのためです。

4 爪先の向き

爪先を下の段に接触させる

4-1

手順1-1の下の段に足を置く少し前のフレームに移動し、爪先を下に向ける。

下の段にそのまま足を下げると、3DCGではスローイン・スローアウトの動きが生成されるため、ゆっくりと足を着ける動きになります。ふわっと足を接地させると不自然なので、ある程度勢いよく足を下げさせます。また、人は下の段を見ただけでは不安なので、足の裏の触感で下の段を探る意味でも、無意識に爪先から足を下げています。

いかがでしたでしょうか？　階段の昇り降りも基本的なアニメーションといえますが、身体の重さをしっかり意識して**タイミング**を調整しないと、**実質感のある絵**になりません。できれば動きを再生しながら調整して見てください。

完成した階段を降りるアニメーション

壁登り

アニメーションの作成手順が続いたので、次は身体の動きを確認してみましょう。

Q.17 問題17

キャラクターの目の前に高さ4mくらいのコンクリートの壁があります。手がかりがない壁ですが、上半身を壁の上まで引き上げれば、体重の半分以上が壁の上にある事になり、壁登りはほぼ成功となります。そこで壁にぶら下がったところから、上半身を壁の上まで引き上げるアニメーションとして3つの方法を想定してみました。どれが最も適切だと思いますか？

①懸垂の要領で身体を引き上げる
②足で壁を蹴って、駆け上がる要領で身体を上に運ぶ
③片足を壁に引っ掛け、腕と足の力で横向きに身体を持ち上げる

A.17

問題17の解答

①懸垂の要領で身体を引き上げる

腕の力だけで身体を引き上げます。引き上げた上半身が壁の上まで登ったところでなんとか安定しています。

腕の力で登る場合

②足で壁を蹴って、駆け上がる要領で身体を上に運ぶ

ちょっと漫画的な登り方かもしれません。壁に飛びついた後、滑りながらも壁面を足で駆け上がります。勢いよく一気に上半身を壁の上まで運ぶ必要があります。

勢いで登りきる場合

③片足を壁に引っ掛け、腕と足の力で横向きに身体を持ち上げる

ポーズは少々情けないかもしれませんが、現実的な方法です。人の足は重い部位で、かつ筋力があります。そのため片足を壁に引っ掛けてその足の力で横向きに登ろうとしています。腕力に自信がなくても登れそうです。

足を先に引っ掛けて登る場合

どうですか？　3つの方法共に頑張れば何とか壁を登る事ができそうです。問題は「最も適切なものを選ぶ」でしたが、実際には優劣はつけられません。現実的な登り方は他にも様々な方法があるでしょう。アニメーションで重要なのは、できそうに見えるかどうかという点です。見ている人を説得する力であり、それが**実質感のある絵**になり、また**アピール**にもなります。

壁に飛びつく

例題は、壁にぶら下がったところからの壁登りでしたが、手描きのアニメーターにぶら下がる前の動きも含めた壁登りのアニメーションをいくつか描いてもらったので紹介します。まずは解答①の壁を駆け上がる方法です22。例題と違って手がかかるところまで壁を駆け上がっています。

壁を駆け上がって、ぶら下がるところまでのアニメーション

壁を無理やりよじ登る

23はちょっと無理がありそうに見えますが、壁に若干の手掛かりがあればボルダリングのように登ってしまおうという方法です。勢いはつけずに、少しずつ着実に登っていきます。途中で足が滑って落ちそうになるなどの演出を加えると、よりリアリティが上がります。

壁に手掛かりがある場合のアニメーション

懸垂の要領で登る

ジャンプして壁に飛びついた後は、勢いを全く使わず腕の力だけで登っていく方法です24。壁の上に到達した際に上半身が倒れこんでいます。22とほぼ同じ動作ですが、こちらの方は身体をよじりながら上半身全体を持ち上げているのが特徴になっています。22よりも力に余裕がありそうですね。

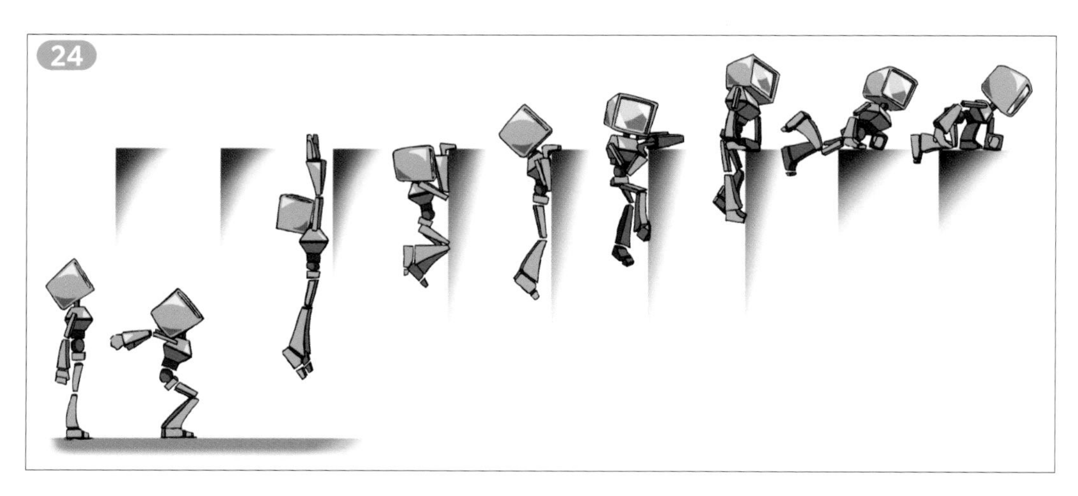

腕の力で身体を引き上げるアニメーション

どうですか？　アニメーターは3DCG・手描き、どちらにおいても同じテーマから様々な動きを創造する事ができるのです。アニメーションの難しさと面白さが、少しずつ分かってきたのではないでしょうか。

高い所から飛び降りるアニメーション

壁を登ったので今度は飛び降りてみましょう。パルクールで溝を飛び越えながら降りるアニメーションを作成してみます25。今回は空中で1回転して跳び降り、着地後さらに前回りします。

赤い矢印のように跳び降りる

1 空中への飛び出し

1-1

空中へ飛び出す直前に1度腕を引き、身体を空中に投げ出す。

助走して空中に飛び出す予備動作を行なう

1-2

すぐに身体を丸め、前転の動きに入る。

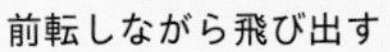

前転しながら飛び出す

ジャンプの直前に少し体をかがめて前方に身体を投げ出し、後ろに残った足で地面を蹴って、足を上げる事で前回りのきっかけを作っています。

走りは基本の走りや走り幅跳びと大きく変える必要はありませんが、事前に距離が分からないので、飛び出しのタイミングと姿勢は臨機応変に変える必要があります。高く飛び上がると着地のショックが大きくなるので、低く前方に身体を投げ出し、足を下方に強く蹴る事で足を上に跳ね上げ、勢いよく身体を回転させます。

手順 2 ジャンプから着地

2-1

背中を丸め、手足を縮めて回転する。その後、全身を伸ばして回転を止め、着地の姿勢をとる。

身体を小さくして前転した後、足を伸ばして着地するまでの動きと軌跡のライン

身体を小さく丸めると回転が速くなり、伸ばすとゆっくりになります。そのため飛び出した直後は身体を小さく丸め、後半は身体を伸ばして回転を遅くする事により、着地の確実性を高めています。図の赤いラインの**運動曲線**に気をつけて作成します。

3 着地から前転

3-1

身体を伸ばして着地後膝を曲げて、着地の勢いのまま前転する。

膝を曲げて衝撃を吸収しながら前転に入る

3-2

1回転後、膝を伸ばして立ち上がり、前に向けて走り出す。

前転の勢いを利用して起き上がる

前転の動きは少し難しいかもしれません。手を地面に着け、頭が地面にぶつからないように背中を丸めて前転します。前転の間に地面と背中が滑らないように注意しましょう。飛び降りた後は前転せずにそのまま立ち上がるなど、様々なバリエーションが考えられますので、動画などを見て研究してみてください。

このパルクールのアニメーションで最も重要な点は、身体の重心を判断して、どう重さを表現するか、そして気持ちのよい勢いを表現できるかという点です。繰り返しになりますが、**実質感のある絵・タイミング・運動曲線**を確認する事で、それらの実現が可能になります。

老若男女

これまでの説明では、事前事後のポーズを除いては一般的な動作となるように意識し、動きとしてはよくある「**アピール**」のないものでした。ここでは動きの中に**アピール**を入れる事を想定して「老若男女」の特徴を考えてみましょう。

Q.18

問題18

「A 老人」、「B 若者」、「C 子ども」、「D 男性」、「E 女性」
それぞれの動きの特徴を４つ以上挙げてください。

A 老人

B 若者

C 子ども

D 男性

E 女性

A.18

問題18の解答

たくさん書けましたか？　例としていくつか挙げてみましょう。

A 老人

①腰が曲がっている

②杖を突いている

③歩幅が狭くよぼよぼ歩く

④疲れやすくすぐに休む

B 若者

①標準的な歩き方

②元気

③動きとしては特徴がない

④歩くスピードが速い

C 子ども

①じっとしていられない
②意味もなく走る
③落ちている物が気になると
しゃがんで観察する
④ピョンピョン跳ねる
⑤何かとよじ登る

D 男性

①若者と同じ
②力強い動き
③重い物も軽々と持ち上げる
④ニヒル

E 女性

①おしとやかな動き
②モデル歩き
③女の子走りする
④よく泣く
⑤頬杖を突く

検証

A 老人
①目立って腰が曲がっている人は非常に少ない
②それ程多くない
③それ程多くない
④それなりに当てはまる

B 若者
①そういってよい
②一概にいえない
③個人差が大きい
④普通の方が多い

C 子ども
①そういってよい
②年齢によるがそういってよい
③年齢や個人差によるものが大きい
④そう多いわけではない
⑤それ程多くない

D 男性
①そういってよい
②それ程多くない
③個人差が大きい
④そんな事はない

E 女性
①そう多くはない
②実生活ではほぼ居ない
③それ程多くない
④そうかもしれない
⑤そうかもしれない

検証結果のように、これらの言葉をそのまま動きとして表現すればよいわけではなさそうです。ただし、このようなイメージは確かにあり、それらを要素として加味する事でキャラクターの個性を**アピール**できるようになります。今まで説明してきたアニメーションに、キャラクター性を取り込む事で動きが変わってくる事は理解できるのではないでしょうか。

キャラクターの設定や条件を変えて、再度アニメーションの作成に挑戦してみてください。そこにしっかりとしたキャラクター性が表れていたなら、より強い**アピール**が実現できたという証になります。

8章

道具を使用するアニメーション

人は生活の中で様々な道具を使います。そのためアニメーションの中でも道具を使う場面はとても多くあります。しかし3DCGアニメーションは、道具とキャラクターを別々に扱わなければならないので、3DCGならではの道具の扱い方を知らないと、とても苦労する事になります。道具の重さや持つ位置で身体の動きも変化するなど、どのような状況にも対応できるように、道具の扱い方を学んでいきましょう。

道具を使用するアニメーション

アニメーションを作成する際は、様々な道具を使用する事があります。例えば01のような餅つきのアニメーションの場合、手と杵の関係はどのようにすべきでしょうか？

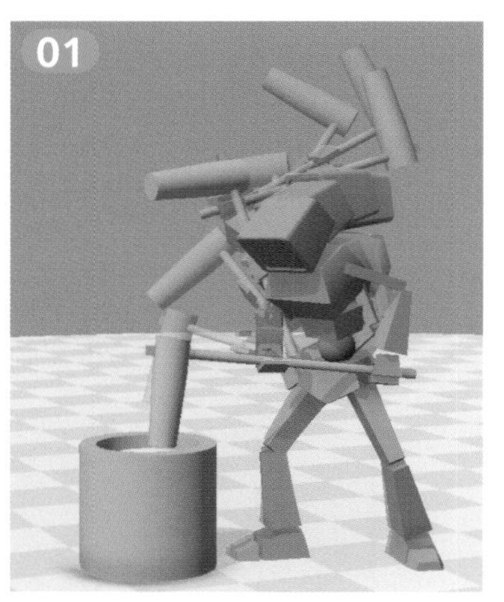

餅つきのアニメーション

手と杵の動きを別々に作成すると、手のコントローラの中心と杵の動きの中心も別々になるため、手と杵の動きには「ずれ」が生じてしまいます。そのため道具を使用する場合は、手と道具を1つの塊と捉えてアニメーションを作成します。

親子関係の作成

道具を使用するアニメーションの場合、手の位置と道具の位置が合っていなければならないため、一般的にはIKコントロールを使用します。

基本的には、手のIKコントローラと道具に親子関係を作成して関連付けます。一般的な3DCGソフトには「階層構造」と「コンストレイント」の2種類の親子関係の作成方法があり、用途に応じて使い分けます。

	親を動かす	子を動かす	ON／OFF	種類
階層構造	子は親に追従	子は自由に動く	不可	親子のみ
コンストレイント	子は親に追従	子は動かない	可能	移動・回転・スケールなど様々

餅つきの例で親子関係を考えてみましょう。親子関係を作成する場合、最初に考えなければならないのが手と道具のどちらを親にすべきかという問題です。現実世界を考えれば手が親になるのが当然です。しかし3DCGアニメーションでは、結果と操作のしやすさを考慮した上でどちらを選択するかを決める必要があります。

階層構造の使用

・右手を親に設定した場合

02はキャラクターが両手で杵を持っている状態です。仮に右手のコントローラを親に設定すると、03のように左手が付いてこないため、左手には別途アニメーションを作成する必要があります。杵にぴったり動きを合わせるのはかなり難しい作業となります。

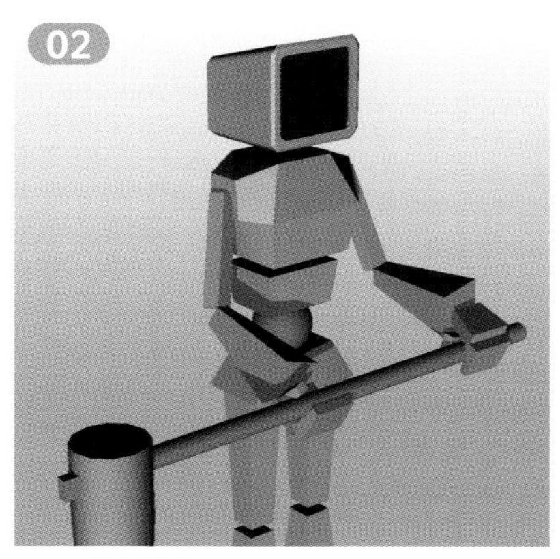

両手で杵を持たせたところ

右手のコントローラを親にすると左手が離れてしまう

・杵を親に設定した場合

逆に杵を親に設定した場合は、両方の手のコントローラを子に設定する事ができます。すると04のように杵の動きだけで両手が付いてくるので、スムーズにアニメーション作業ができるようになります。子になっている手は、親とは別にキーを打てるため、05のように杵を動かしている途中で手をスライドさせるアニメーションも可能になります。

杵に合わせて両方の手が一緒に動く

杵を動かしながら手をずらす事も可能

また道具が親になっている事により、道具自体の**運動曲線**を綺麗に作れるメリットもあります06。

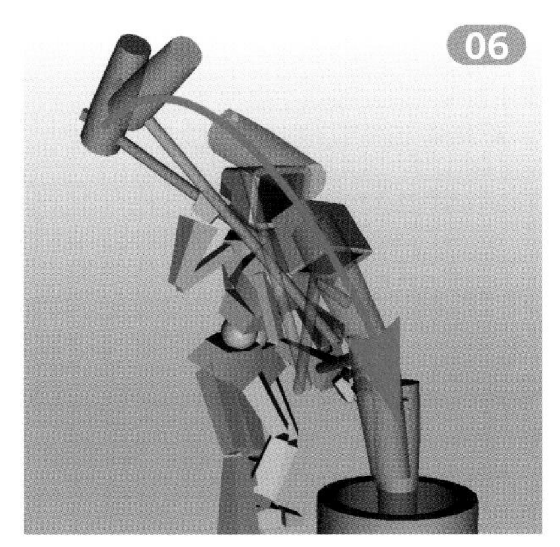

杵の動きの運動曲線

このように道具を親にする事で理想的な制御方法になったような気もしますが、階層構造を使用した親子関係は切り離せないため、07のように左手を親から離した後も08のように子の左手が一緒に動いてしまうという問題が発生します。

左手を杵から離す

杵を動かすと左手も一緒に動いてしまう

この問題を解決するためには、先に説明したコンストレイントを使用します。コンストレイントであればスイッチで親子関係のON／OFFを切り替えられるので、動きを完全に切り離す事ができます。

コンストレイントの使用

基本的には親子関係を作成する方法と変わりませんが、P152の表に書き入れたようにコンストレイントにはいくつかの種類があり、用途によって使い分けます。またX軸のみ、XとY軸のみ、というように軸による使い分けも可能です。ここでは杵を親にした手のコントローラのON／OFFについて説明します。

画像の色分け

赤：キーを打ってからコンストレントをかける（杵を掴む瞬間）

黄：コンストレイントされている（杵を掴んでいる）

緑：キーを打ってからコンストレイントをOFFにする（杵を放す瞬間）

1 コンストレイントを用いて両手で道具を持つ

1-1

杵を持つ前。キャラクターの両手を自由に動かす事が可能。

コンストレイントの設定前

1-2

右手を杵を持つところまで移動し、右手のコントローラにキーを打ち、杵を親に、右手のコントローラを子にしてコンストレイントをかける。右手のコンストレイントのスイッチをONにしてキーを打つ。コンストレイントのグラフを開き、アニメーション カーブのキーの接線をステップに変更する。

右手で杵を掴む瞬間のポーズ

1-3

杵を動かすと右手が追従する。見た目的には右手で杵を持って動かしている状態となる。

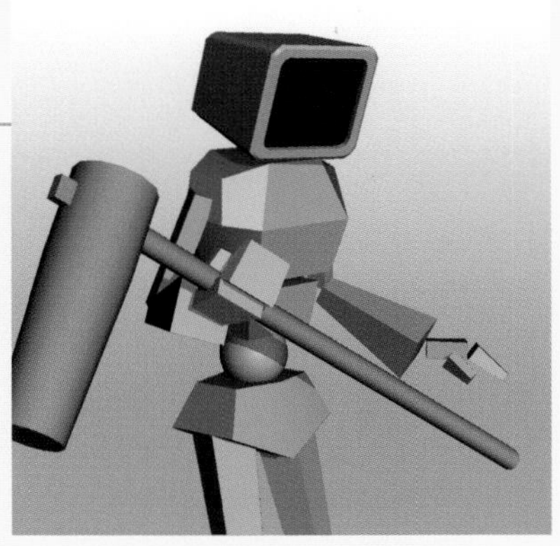
右手で杵を持ち上げる

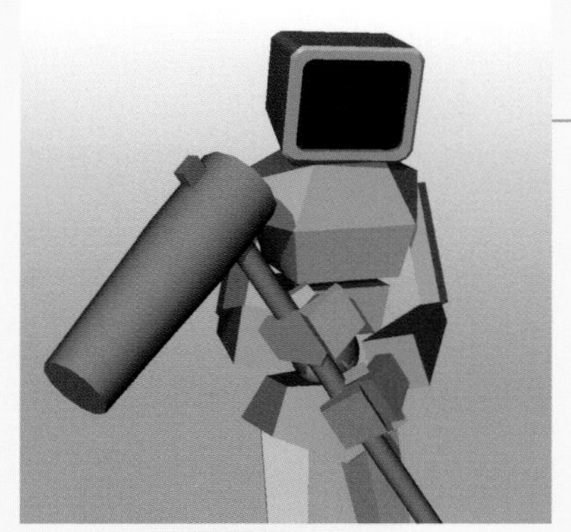
左手を杵に添えた瞬間

1-4

両手で杵を掴むために左手を杵に沿え、左手のコントローラにキーを打つ。杵を親に、左手のコントローラを子にしてコンストレイントをかけ、左手のコンストレイントのスイッチをONにしてキーを打つ。
以降は杵を動かすと両手が一緒に動くため、両手持ちの状態となる。

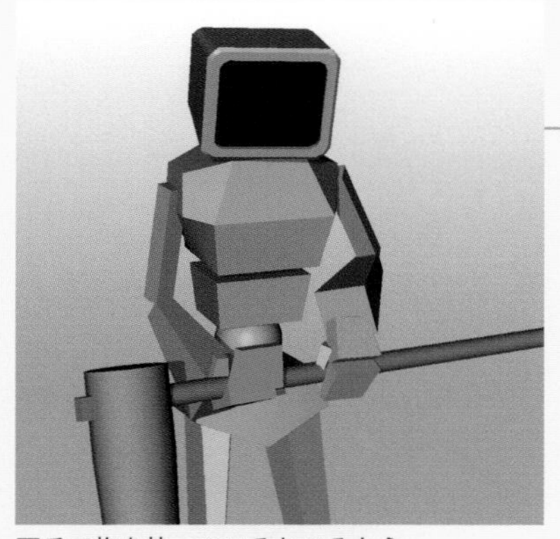
両手で杵を持っているところから
右手を放す瞬間

1-5

杵を動かし、右手を放したい位置に移動させる。
①右手のコントローラにキーを打ち、
②右手のコンストレイントのスイッチをOFFにしてキーを打つ。
以降は杵を動かしても右手は追従しなくなる。

※①②の順番を逆にしない事

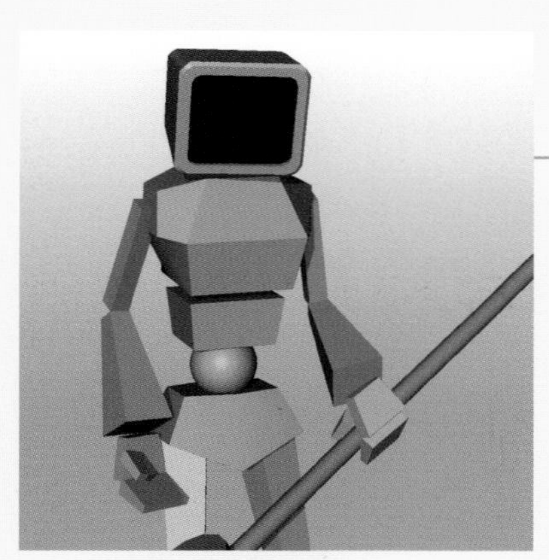
左手だけで杵を持っている

1-6

杵を動かすと左手だけが追従する。見た目的には左手で杵を持って動かしている状態となる。

以上がコンストレイントを使用した親子関係の切り替え方です。手順1-5の段階でコンストレイントをOFFする際にキーを打つ順番を間違うと、予期せぬ動きになるので注意しましょう。またコンストレイントを行なうと、コンストレイントのウェイト調整ができるようになるので、意図しない動きにならないようにウェイトのカーブをステップに変更してください。

このようにコンストレイントを使用する場合、親子関係の作成よりちょっと手順が複雑ですが、覚えてしまえばとても使いやすい機能となります。ぜひ活用してください。

テニスのアニメーション

道具を使用する例として、テニスで球を打ち返す場合のアニメーションを考えてみます。テニスでは、球を打った後の自然にラケットを振りぬく動作を「フォロースルー」と呼びますが、アニメーション用語の「フォロースルー」とも一致しています。そのためここでは混乱を避けるために、テニスのフォロースルーを「ラケットの返し」と表記します。

コンストレイントの準備

あらかじめラケットにはコントローラを作成し、ラケットを階層構造を用いてコントローラの子にしておきます。こうしておく事で後からラケットの位置や向きを変えられるようになります09。

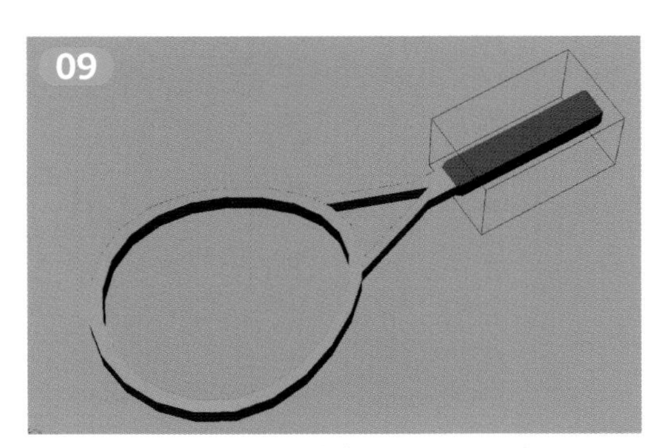

ラケットにコントローラを作成

10のように腕から45度程度の角度でコントローラを親に、右腕のコントローラを子に設定してコンストレイントを行ないます11。

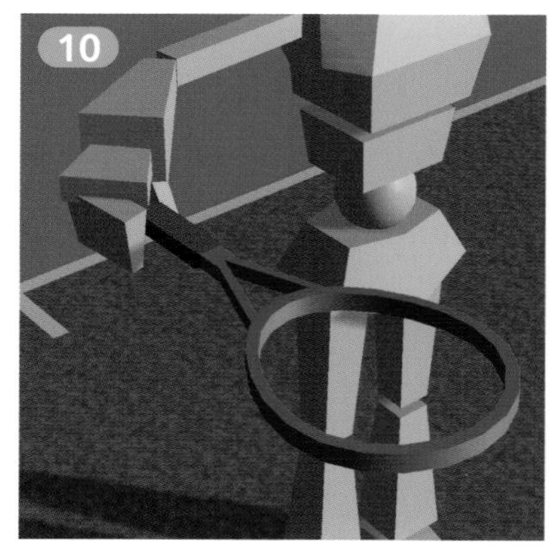
右手をコンストレイント

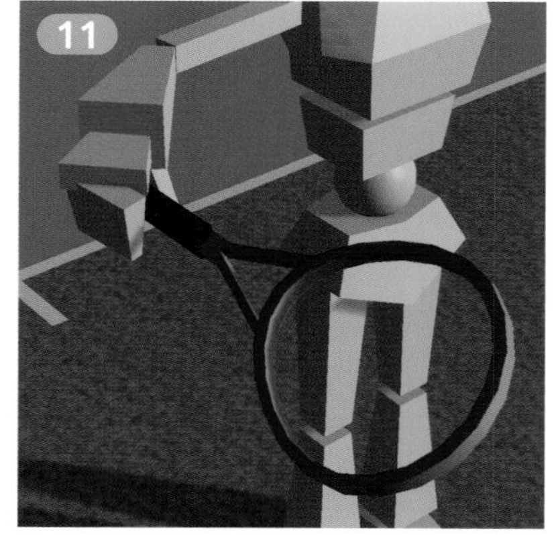
ラケットを別に動かす事ができる

右腕のコンストレイントを行なった後、ラケットを身体の正面に移動させてから左腕をグリップの上に置き、両手打ちの持ち方で左腕のコンストレイントを行ないます12。コンストレイント後は13のようにラケットを動かしてもきちんと両腕が付いてきます。これで準備が完了です。

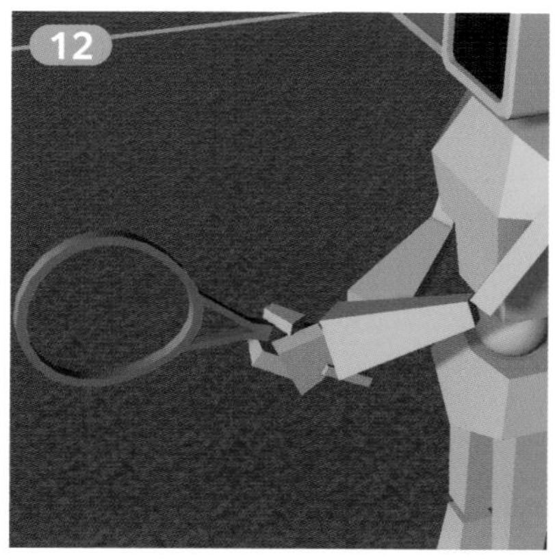
左手をコンストレイント

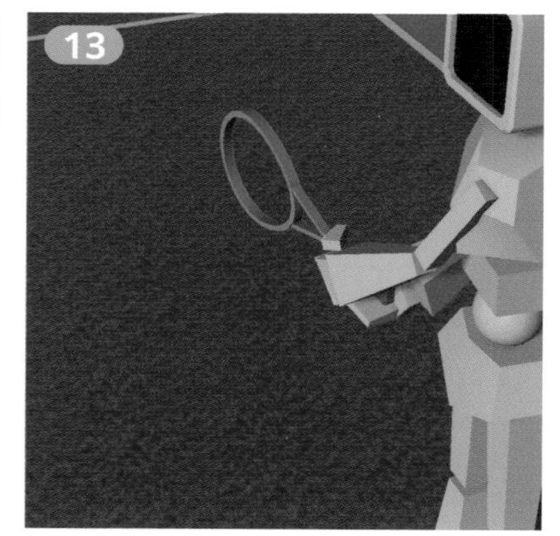
ラケットに両手が付いてくる

フォアハンドのストローク作成

今回はフォアハンドの片手打ちで説明するので、左腕のコンストレイントは不要です。そのため左腕のコンストレイントをOFFにしてアニメーションを作成します。ただし片手でラケットを振るだけであれば、コンストレイントを使わずに階層構造でも問題ありません。

1 フォアハンドのストローク

1-1

軽く腰を落とし、左右に動けるように構える。

自由に動けるような構え

1-2

球が飛んでくる位置に合わせて移動して構え、タイミングを計る。

移動して構える

1-3

ラケットを後ろに引き、飛んでくる球にタイミングを合わせる。

テイクバックの構え

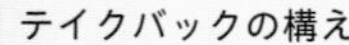

1-4

ラケットを振り、球を打ち返す。

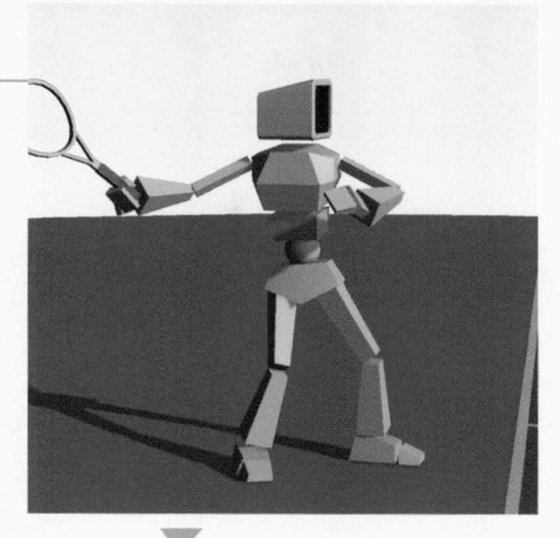

ヒットの動き

1-5

球を打った勢いでラケットを反対側まで振りぬく。球が飛んでいく位置を確認し、次の動作へ移る。

球の行き先を確認しつつ次の球を受ける位置に移動する

フォアハンドのストロークでの打ち返しの手順を簡単にまとめました。細かい注意点や確認はこの後の説明を確認してください。

ラケットの動き

ここではラケットを高い位置で後ろに引き、球を打ち返しています。ラケットのみを表示すると14のようになります。ラケットはヘッドの部分が重いので、ヘッドの動きの**運動曲線**が綺麗になっている必要があります。またラケットの間隔が近いところはスピードが遅く、広いところは速い動きとなります。

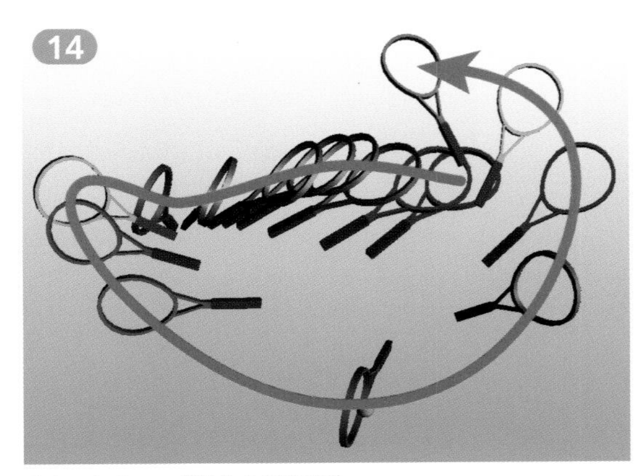

ラケットのヘッド部分の運動曲線

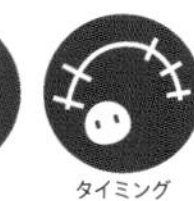

身体の回転

身体の動きを見やすいように、腰から上半身の前面を白く表示しました。球を打つ際、身体は横を向いてラケットの動きと一緒に後ろに下がります15。プレイヤーはどの位置でどの方向に球を打ち返すのか、ここでタイミングを計ります。球を打ちに行く直前に、1度グッと腕を後ろに引くところまでが**予備動作**になります。

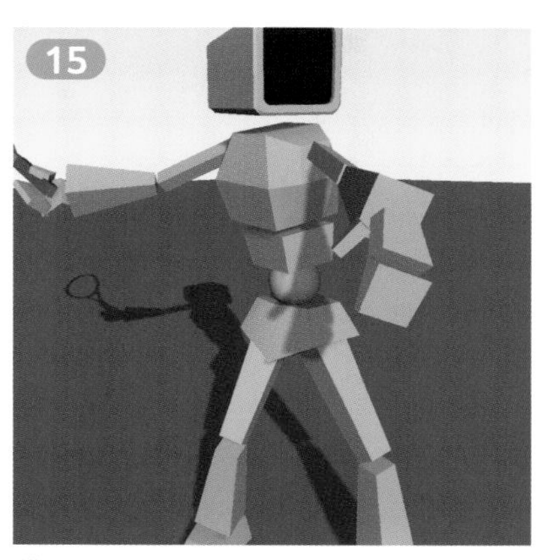

構える時は身体が横を向く

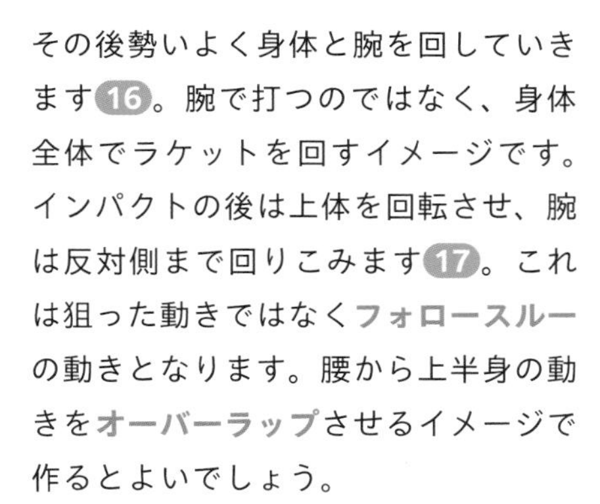

その後勢いよく身体と腕を回していきます16。腕で打つのではなく、身体全体でラケットを回すイメージです。インパクトの後は上体を回転させ、腕は反対側まで回りこみます17。これは狙った動きではなく**フォロースルー**の動きとなります。腰から上半身の動きを**オーバーラップ**させるイメージで作るとよいでしょう。

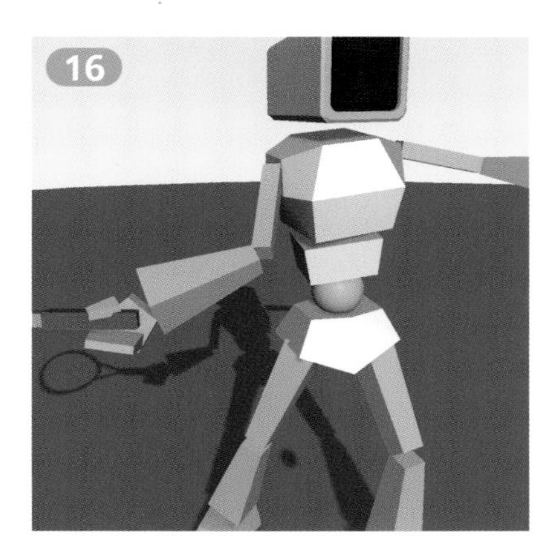

回転して身体が前を向く

全体のスピード感と、ラケットを振っている間のスピードの緩急が、アニメーションのスピード感やメリハリを決定する**タイミング**の重要な部分です。

球を打った後も上半身は回転を続ける

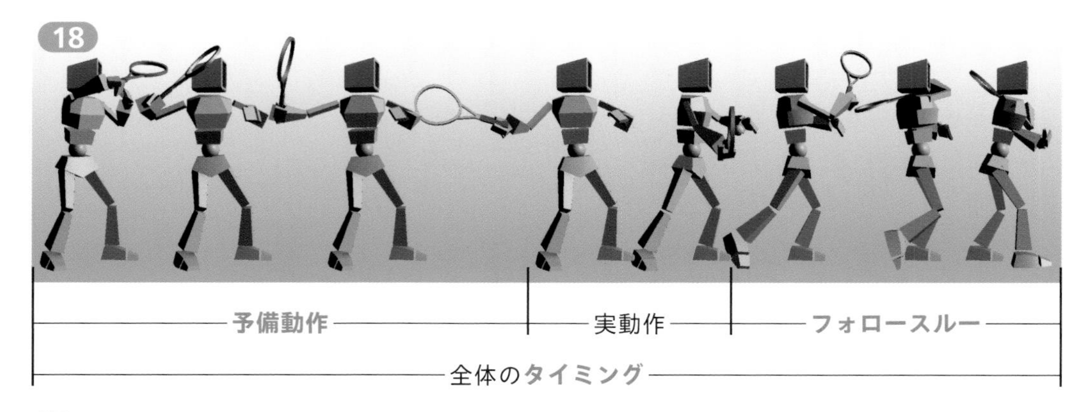

18のように**予備動作**＞実動作＞**フォロースルー**と動きは繋がっています。特に実動作でのタイミング調整をしっかり行なうと**実質感のある絵**になり、リアルで気持ちのよいアニメーションを作る事ができます。

重い物と軽い物

続いて、重い物を持ち上げるアニメーションを作成してみましょう。目の前に10kgの蜜柑箱が置いてあります。どのような動きをつけたら重さを表現できるでしょうか？

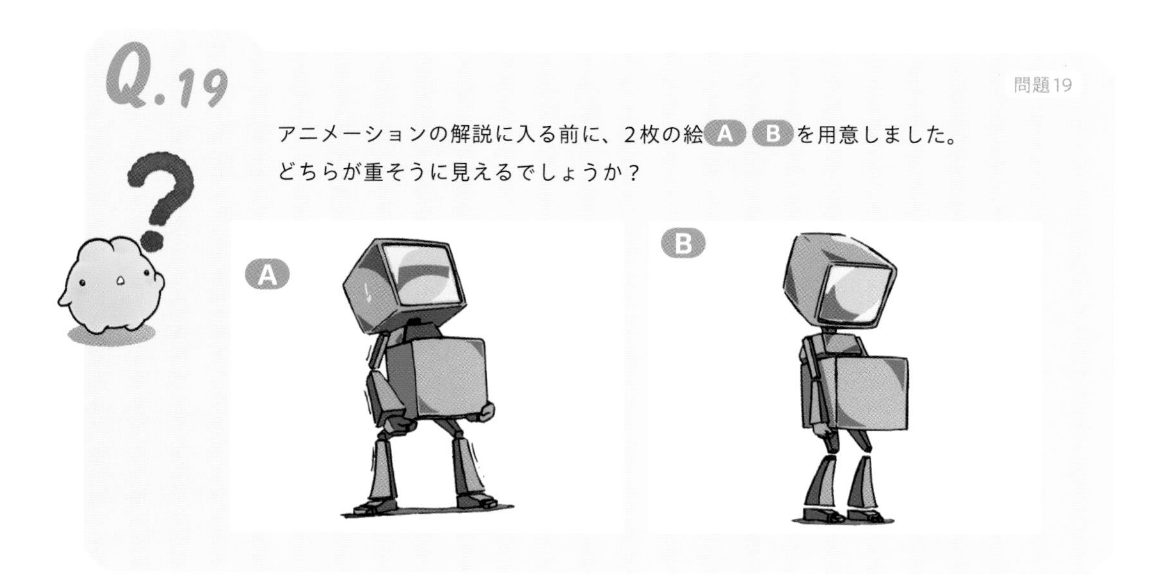

運動曲線　タイミング　実質感　フォロースルー

A.19

問題19の解答

Aの方が重そうに見えると答えた人が多いのではないでしょうか。しかしBの絵でも身体が後ろに下がっている事から、箱がかなり重いと想像できます。実際の重さはあまり変わらないのかもしれません。

重さのイメージ

Q19のAのポーズで重いものを長時間持つととてもつらいため、Bのように膝も肘も伸ばして持つ事もあります。「重そうなイメージ＝重そうに見えるアニメーション」ではないという例といえます。

リアルな表現としてのアニメーションは、どのように作成するべきなのでしょうか？　自分で実際に物を持ち上げたり、友人に頼んでその動きを確認したりするのも分かりやすいですし、それらの動きをビデオ撮影するのもよいでしょう。イメージに囚われず動きを考えてください。

重さとスピード

Q.20

問題20

次の問題です。重い物を持ち上げるアニメーションとしてはスピードが早い方がよいと思いますか？　それとも遅い方がよいと思いますか？　どちらかを選んでください。

A.20

問題20の解答

速い方が正解：重い物は勢いをつけた方が、楽に持ち上げる事ができます。
そう考えると、速い方が正解です。

ゆっくりの方が正解：高価な割れ物が中に入っていると分かっていたらどうでしょうか？
慎重にゆっくりと持ち上げると考えると、ゆっくりの方が正解です。

このように、条件によって重さを表現するスピードは変わります。重そうなイメージもダメ、速さでもダメ。それでは何を基準に重さの表現をすればよいのでしょうか？　次の問題を見て考えてみましょう。

Q.21

問題21

蜜柑箱を持ち上げるアニメーションを作成しました。片方は中身が詰まっていますが、一方は空箱の状態です。中身の詰まった箱を持ち上げているのはどちらだと思いますか？

A.21

問題21の解答

Aが中身が詰まった箱を持ち上げるアニメーションです。

重い箱

Aの重い箱の場合は、1度蜜柑箱を自分の方に引きつけ、重心を腰に乗せてから立ち上がっています。立ち上がった後もバランスを取るために、後傾姿勢をとっていますね。

軽い箱

Bの軽い箱の場合は、箱の重さを意識する必要がないため、自分が立ち上がるだけの動作を行なっています。箱も手前に引きつける必要がないため、立ち上がった後も軽く前に差し出したままです。

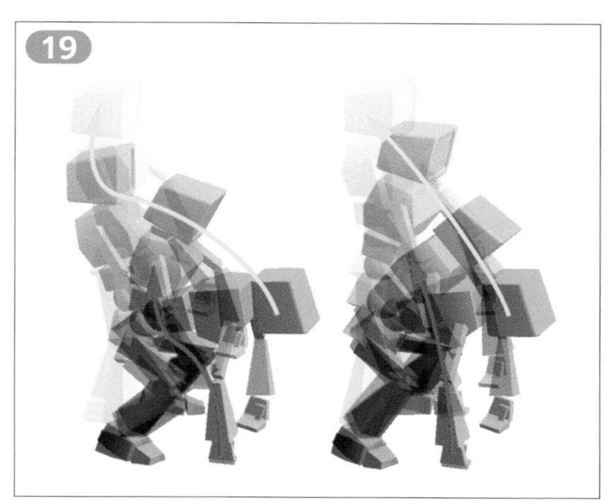

重い箱を持ち上げる動きの軌跡（左）と
軽い箱を持ち上げる動きの軌跡（右）

19を見ると重い箱の場合（左）は最初に身体も腕も1度後ろに引き、重心を後ろに移動させます。それに比べて軽い箱の場合（右）は、重心を移動する必要がないので、頭も手も直線的に上がっている事が分かります。重い箱の場合、最初のポーズで「よいしょ」と声が出ているところを想像してみてください。より動きをイメージしやすくなると思います。

このように、重さによって速度と重心のとり方が変化し、また先に説明したように持ち上げた物の差を意識してアニメーションを作成する事で**実質感のある絵**の実現が可能となります。単純にポーズやスピードなどに答えを求めるのではなく、観察と経験が重要になのです。

手と箱の関係

作例の蜜柑箱を持つアニメーションを階層構造を用いて作成する手順を見てみましょう。今回も先に物を持つための制御方法を考えます。

赤い色の線で囲んだ蜜柑箱を親に、緑色の線で囲んだ手を子という親子関係を設定します20。21の赤い矢印のように蜜柑箱を動かすと、緑の矢印のように手も一緒に動きます。子になっている手を22の緑の矢印のように別の位置に移動した後に蜜柑箱を動かしても、手はそのまま一緒に動くようになります。

箱を親、手のコントローラを子として親子関係を作成

コンストレイントを使用する場合にはスイッチの利用で同様の仕組みを作成できますので、前後にどのようなアニメーションを作るかでどちらを採用すべきか判断してください。

箱を傾けても手がずれる事はない

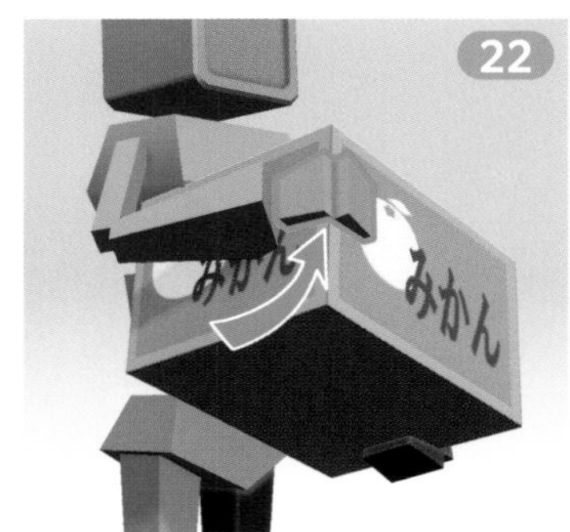

途中で手を持ちかえる事も可能

実質感のある絵を作成するために

作例の 蜜柑箱には手掛穴がありませんでした。説明のアニメーションでは当たり前のように箱を持ち上げていますが、実際に持ち上げるには、23のように箱の下に指を差し入れるアニメーションを追加した方が重さの説得力が増します。このように細かな部分へ気を配ってアニメーションを作成する事が、**実質感のある絵**に繋がっていきます。物事をしっかり観察する力を養いましょう。

左手を箱の下に差し入れる動作を入れる

この章でキャラクターアニメーション自体の解説は終わりとなります。まだまだたくさん練習する事はありますので、自分で目標をもって作品を作成してください。

次の章では作成したアニメーションを映像化するための基本を説明します。

9章

映像とアニメーション

3DCGアニメーションは、映像の一部として用いられる事が多いため、3DCGのアニメーターには映像制作で用いるカメラや照明などの機材とその知識も要求されます。本章ではアニメーションが映像の中で使われる場合を想定し、機材の扱いや映像用語と絵コンテの関係を解説します。自主製作などで映像を作成する際にも映像の知識はとても重要です。しっかり学んでおきましょう。

映像とアニメーション

6章：アニメーションの12原則で説明したように、映像の考え方全般を「演出」と考えて学習していきます。実際のカメラとレンズの特徴と、それらの違いによって観る人にどのような効果を与えるのかを知らなければなりません。そして絵コンテを描いたり読み取ったりするための、映像用語も覚える必要があります。

それでは、最初にレンズやカメラなどの機材の特徴を解説します。

レンズと焦点距離

一般的に撮影用レンズには望遠レンズと広角レンズという2つの種類があるという事は広く知られています。望遠レンズ01は望遠鏡のように遠くの物を大きく拡大するレンズで、広角レンズ02は広い場所をまとめて画面に入れるためのレンズ、という認識だと思います。

望遠レンズで撮影した写真

レンズには焦点距離というものがあります。撮影用のレンズには標準レンズという基準となる焦点距離のレンズがあり、その焦点距離は50mmと決められています。それより焦点距離が長いものを望遠レンズ、短いものを広角レンズと呼びます。

それはそれで正しいのですが、映像の制作者はレンズの焦点距離による遠近感の変化を知らなくてはなくてはなりません。

広角レンズで撮影した写真

遠近感

映像の制作者は、レンズの焦点距離の選び方で映像の中の遠近感をコントロールできます。実際の写真で確認してみましょう。

次の写真03～10は被写体のサイズを変えないようにカメラの位置を前後に移動して、焦点距離による遠近感の変化を比較したものです。被写体の立っている位置は変えていません。左上から28mm、35mm、50mm、75mm、100mm、150mm、200mm、300mmとなっています。赤い枠の50mmが標準レンズの遠近感で、人が普段見ている遠近感に最も近いものです。

後ろに写っている道路の奥行き感や、樹木までの距離感、全体的な空間のサイズを確認しましょう。慣れてくると、撮影した写真を見ただけでおおよその焦点距離を言い当てる事ができるようになります。

サイズ感

焦点距離で変化する遠近感の違いを演出で応用してみましょう。11のように標準レンズで横から撮ればただのぬいぐるみですが、12のように広角レンズで下から煽って撮ると迫力ある巨大なモンスターに変化します。特撮では必須の技術です。レンズによって変わる遠近感&ボケ具合と、カメラアングルによる演出効果を組み合わせる事により、サイズを強調できるのです。

標準レンズによる撮影

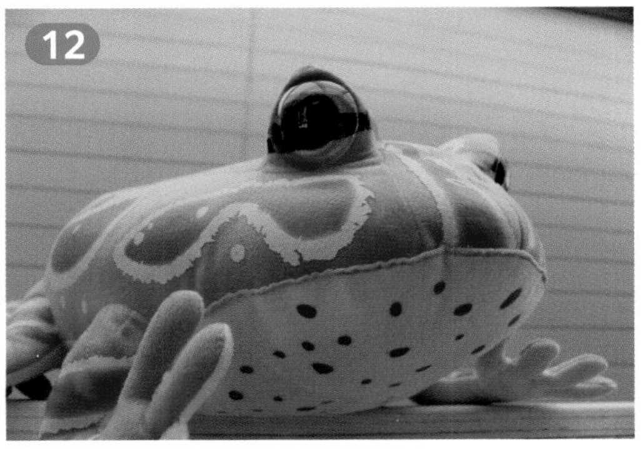

広角レンズによる撮影

映像の中のぼかし

花の写真などで、背景が柔らかくボケている写真は綺麗ですね13。

映像では、どのような条件でボケが生じるのでしょうか？ 3DCG制作においてカメラの知識がないままにイメージだけでぼかそうとすると、現実のカメラとの差異が生じて違和感を与えてしまいます。実際の写真を見て確認していきましょう。

ボケの多い柔らかな印象の写真

Q.22

問題22

2枚の写真A Bは、同じ場所に置いた楽器の一部分を撮影した写真です。
どこが違っているのか書き出し、またその理由を考えてみてください。

A.22

問題22の解答

写真の知識がないと理由を答えられない問題です。左は背景がボケていますが、右はくっきりしています。後ろにある木の位置も異なり、左の方が木が近くに映っています。問題では同じ場所と言っているのでおかしな話ですが、これは遠近感の差によるものです。

つまりAは望遠レンズで、Bは広角レンズで撮影したと考える事ができます。焦点距離が長い方が前後のボケが大きくなるのです。

これはコントロールをするものではなく、焦点距離の違いによる結果です。この効果を知らずに3DCGで映像を作ると、広角レンズなのに前後をボカシてしまうという間違いを犯してしまう事があります。同様に、望遠レンズなのに前後がくっきりしているというのも不自然な表現になります。

Q.23

問題23

次の写真は同じ場所で撮影した写真ですがAは背景が綺麗にぼけています。遠近感は同じなので、レンズの焦点距離に違いはありません。なぜこのような差が生じたのか考えてみてください。

A.23

問題23の解答

この問題も写真の知識がないと理由を答えられません。カメラのレンズには、一般的に「絞り」という機能が備わっています。絞りとは、動物の目でいうところの虹彩にあたる部分です。この絞りのサイズを変更する事により、前後のボケの量を調節できるのです。

「Aは絞りを開けた状態、Bは小さく絞った状態で撮影したから」が正解です。

レンズの絞りとボケの量

人の目のいわゆる黒目には、虹彩と呼ばれる光の量を調整する周辺部分と、瞳孔という光が通過する中心部分があります。カメラのレンズにも光の量を調節する、虹彩と同じ機能をもった装置が組み込まれています。14の猫の瞳を見てください。縦に細長い黒い部分が瞳孔で、そのまわりの金色の部分が虹彩です。一方、15のカメラのレンズでは、中に金属の薄い羽がたくさん集まって穴を小さく閉じている事が見てとれます。これが絞りという機能です。虹彩のように光を絞るという意味合いからきています。

この絞りの機能を使用する事により、絞りを開く（穴を大きくする）とボケが大きくなり、絞り込む（穴を小さくする）と前後のボケが小さくなります。つまり同じ焦点距離のレンズでも、ボケの量を意図的にコントロールできるのです。

瞳孔が開いている時より閉じている時の方が、ピントが合いやすいのは人の目でも変わりありません。見えにくいものをよく見ようとして、無意識に目を細めるのは同じ理由からきています。人は自分の意思で虹彩をコントロールできないので、目を細くする事で瞳孔を閉じた時と同様の効果を得ようとするのです。

猫の目と瞳孔

カメラのレンズと絞り

Q23では、焦点距離によるボケの量の話しをしました。ボケの量は焦点距離と絞りの開け方で決まります。広角レンズで絞りを開けてもボケの量は小さく、逆に望遠レンズで絞りを絞っても前後のボケは大きめになります。

3DCGによるぼかし

3DCGの場合にはピントが合う範囲をパラメータで設定できるようになっています。実際のレンズのように制限がないので、レンズの特性を理解した上で使用しなければなりません。しかし16のようにぼかしの機能をONにしてレンダリングを行なうと計算が複雑になってしまい、レンダリング時間が大幅に長くなってしまいます。そのため3DCGのレンダリングではぼかしを入れずに、コンポジット（撮影）と呼ばれる後工程でぼかしを入れる事が多くなっています。レンダリング時間と結果のバランスを考えて、どの段階でぼかしを入れるかを決めましょう。

ぼかし表現のある3DCGの映像作品の例

クローズアップ撮影によるボケの効果

クローズアップ撮影をすると17や18の写真のように前後がボケてしまいます。絞りを絞る事である程度ピントの合う範囲を広げられますが、限界があります。……という説明を行なうと2枚ともクローズアップ撮影だと納得すると思いますが、実はミニチュアセットの撮影に見える18は本物のバスと建物の写真です。

花のクローズアップ写真

レンズを物理的にスライドさせたり、傾けたりすると、特殊なボケ方の写真を撮影できます。この手法を用いると、ミニチュアのセットをクローズアップ撮影したと錯覚させる事ができるのです。

特殊効果で意図的に前後をぼかした風景写真

写真を見る側に写真の知識がなくてもクローズアップ撮影だと感じる、という事から、実際のレンズの知識がいかに重要であるか、理解できるのではないでしょうか。

画面サイズ

ロングショット
キャラクター以外に周りの背景が大きく入っているサイズです。

フルショット
キャラクターの全身が丁度収まっているサイズです。

ニーショット
キャラクターの膝から上が収まっているサイズです。

ウエストショット
キャラクターの腰から上が収まっているサイズです。

バストショット
キャラクターの胸から上が収まっているサイズです。

アップショット
キャラクターの頭部が収まっているサイズです。

クローズアップ　キャラクターの一部分、もしくはオブジェクト等の一部分をアップにしたサイズです。

主な画面サイズ（ショットの名称）をまとめました19～25。サイズ名はキャラクター（人）の身体を基準に表します。

カメラアングル

カメラを上に向ける事を煽り、下に向ける事を俯瞰と呼び、地面と平行に向ける事を水平アングルと呼びます。また、高いところから被写体を俯瞰でカメラに収める事はハイアングル、低いところから被写体を煽りでカメラに収める事はローアングルという言い方をします26。

高さについては「ポジション」という言葉を使用し、カメラを高いところに置く事をハイポジション、低いところに置く事をローポジションと呼びます。被写体の目の高さにカメラを水平に置く事はアイレベル（目高）と呼びます。

照明と映像効果

アニメーションの**演出**においてライティングは重要な役割を果たしています。ライトの位置や光量、色によって様々な映像効果が生じるのでしっかり学びましょう。

ライトの位置

自然界において、屋外27でも屋内28でもライトは上方に存在するので、一般的にライトは上方に置きます。

屋外の写真

屋内の写真

しかし映像制作においては、キャラクターに対してライトをどこから当てるのかで大きく印象が変わるため、目的に応じて位置を変更します。

アニメーションを自由に作る

アニメーション制作はとても楽しいものです。パラパラ漫画やGIFアニメーションを作って遊んだ経験のある人も多いでしょう。動いた結果を見るとワクワクします。

昨今はアニメーションを作る方法を解説してくれているWebサイトや動画サイトも多いので、参考にする人も多いと思います。ですが待ってください。パラパラ漫画を描く時に参考書を読みましたか？　そんな人はいないでしょう。自分で自由に作るから楽しいのです。3DCGアニメーションを作る時にもそんな心を忘れないようにしてください。

参考書や回答例をトレースするだけでは楽しくありません。基礎を覚えたら、自由にアニメーションを作成して楽しみましょう。

キャラクターに対するライトの高さ

特に目的がない限りはライトは斜め上29から当たるように配置します。完全な真上30にすると顔に強い影が出てしまい、また水平の正面31からでは顔の凹凸が分かりにくくなるため、一般的には使用しません。逆に下32から当てると怖い印象になり、ホラー演出や驚かす表現として多用されます。

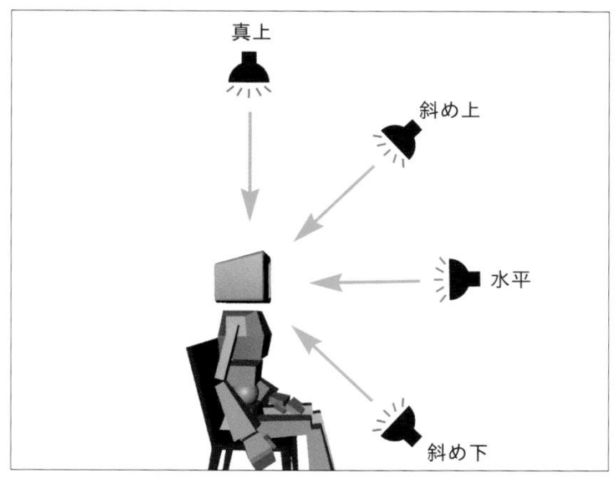

キャラクターに対するライトの高さ

斜め上からのライティング

真上からのライティング

水平からのライティング

下からのライティング

キャラクターに対するライトの位置

顔に対して約斜め45度前からライトを当てると立体的に見えるため最も多用されています33。正面からでは平面的になり34、真横では影が強くなりすぎるので35特別な使用法となります。後ろから当てた場合にはシルエットが浮かび上がるように見え、人物が特定されにくくなるため、印象的な登場シーン等で使用します36。

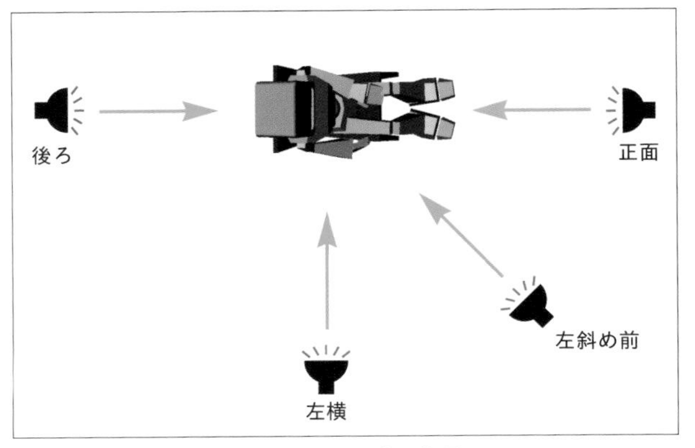

キャラクターに対するライトの水平方向の位置

左斜め45度前からのライティング

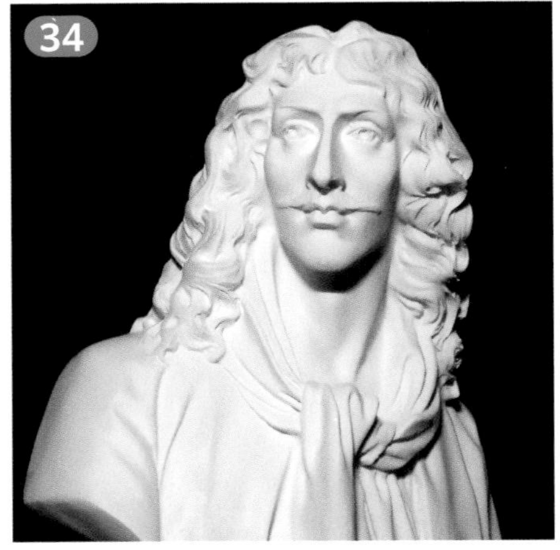

正面からのライティング

左横からのライティング

後ろからのライティング

三点照明

ライティングの基本として三点照明という方法がよく用いられます。三点照明の名称は「キーライト」、「フィルライト」、「バックライト」という3種類の照明を扱う事からきています。

キーライトとは1番強いライトの事です。キーライトだけではライトが当たっていない部分が真っ暗になってしまい、前の説明で使用した画像のようになってしまいます29～36。

一般的に自然界ではそのような事は起こりません。周りから様々な光が当たっているので、影になる部分にも明るさがあり、その環境光の強さで印象が大きく変わってきます。この環境光を構成するライトをフィルライトと呼びます37～39。

3DCGでのライティングは、このキーライトと環境光（フィルライト）のバランスを取る事で成り立っています。

1) どこからどの程度の光が当たっているか（キーライト）
2) 影の強さはどのくらいにすればよいか（フィルライト）

という順番でライトを構成していけばライティングは難しくありません。最初はキーライトだけを作り、その後で影の強さを調整するという順番です。どちらのライトも必要であれば複数配置して構いませんが、キーライトとフィルライトを同時に配置してしまうと、途端に難しくなってしまうので気をつけましょう。

標準的なライティング

環境光が弱い（キーライトが強い＝影が強い）

環境光が強い（キーライトが弱い＝影が弱い）

バックライトは？　とりあえず今は考えなくても構いません。髪の毛が透けて光っていたり、絹のスカーフの表面が輝いて見えていたりする場合は、後方からライトが当たっている事が多いものです。そのような効果がほしい時に使う「演出用のライト」がバックライトになります。特別な効果がほしい時に後から加えるライトだと考えておけばよいでしょう。

ライトの色

ライトの色でも映像の印象は大きく変わります。色彩心理学というものがあり、画面内の色で緊張感や穏やかな印象を演出する事ができます。一般的には、昼間は白色光40、夕方と朝方は暖色光42、夜は寒色系の光43という使い分けをしますが、昼間でも41のようにやや青みを加えると晴天の屋外のイメージが出しやすくなります。

白色光

白色光に青みの光を僅かに追加

暖色光

寒色系の光

絵コンテとアニメーション

アニメーションの仕事では、あらかじめ用意された絵コンテの指示に従ってアニメーションを作成します。ここで絵コンテの見方や描き方を説明しておきましょう。

FIX（フィックス）

カメラを固定して画面を動かさない事です。

FOLLOW（フォロー）

カメラが動いているキャラクターなどの被写体と共に移動する事です。別の言い方をすると、動いている被写体を常に画面の中央に捉えている事になります。

PAN（パン）

カメラが縦・横方向に向きを変える事です。次に紹介するPAN UP、PAN DOWNと区別し、横移動の事だけを「PAN」という場合もあります。

PAN UP（パン アップ）

PANの中でもカメラが上に向きを変える事をPAN UPと呼びます。

PAN DOWN（パン ダウン）

PAN UPの逆で、カメラが下に向きを変える事です。

T.U（トラック アップ）

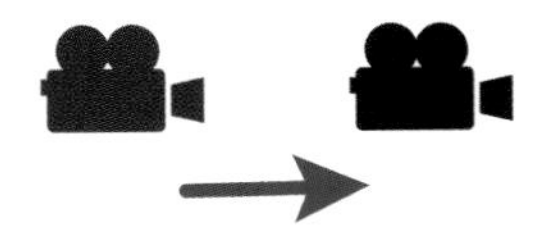
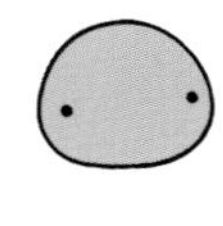

カメラが前方に移動する事で、ドリー インともいいます。後述するズーム インの意味で使う事もあります。

T.B（トラック バック）

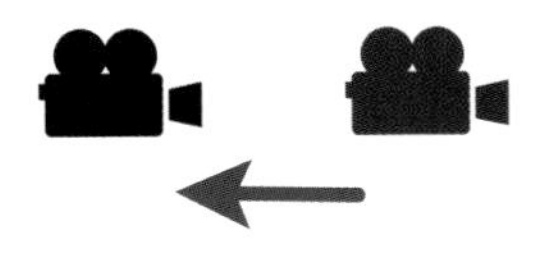
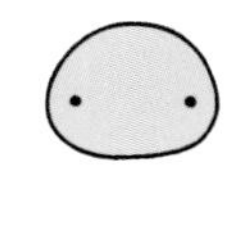

カメラが後方に移動する事で、ドリー アウトともいいます。ズーム アウトの意味で使う事もあります。

ZI（ズーム イン）

カメラ位置を変えずにレンズの焦点距離を大きくして、画面の一部をアップにする事です。

ZO（ズーム アウト）

カメラ位置を変えずにレンズの焦点距離を小さくして、画面の外を映し入れる事です。

FI（フレーム イン）

被写体が、画面外から画面の中に入ってくる事です。

FO（フレーム アウト）

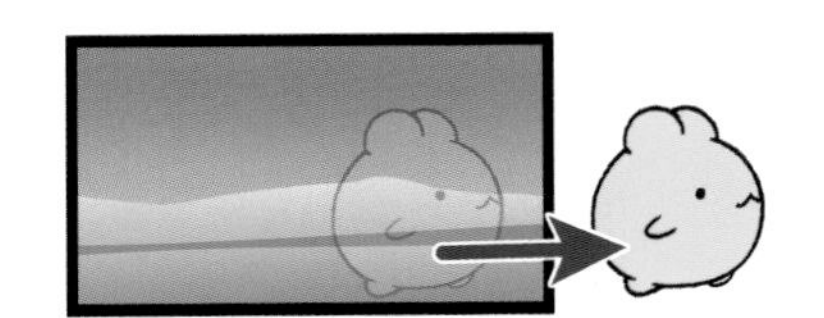

被写体が、画面の外に出ていく事です。

演出

F.I（フェード イン）

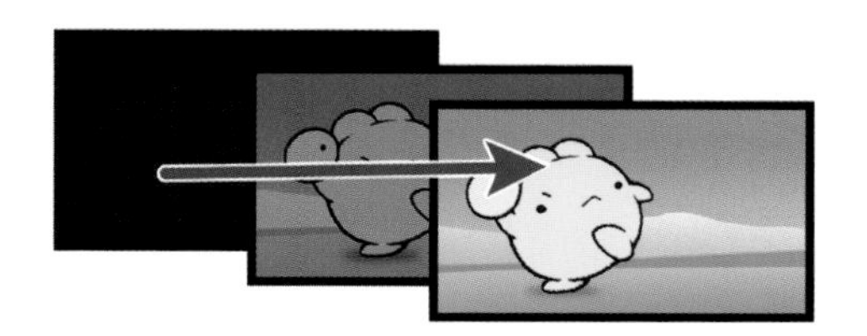

黒い画面が段々と明るくなり、画像が見えるようになる事です。

F.O（フェード アウト）

画面が段々と暗くなり、最終的に黒画面になる事です。

O.L（オーバー ラップ）

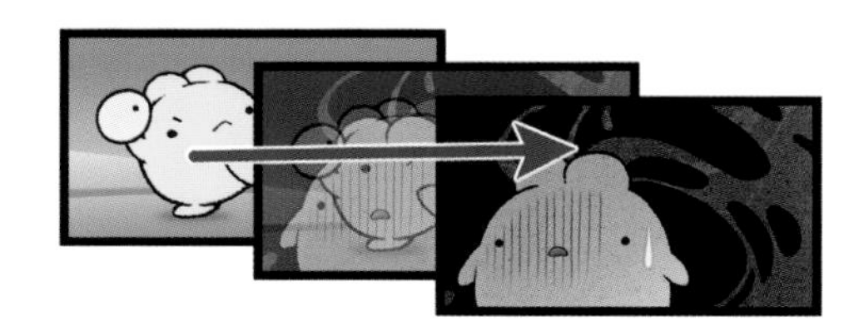

前のカットと次のカットの画面を重ね合わせて切り替える事です。

A.C（アクション）

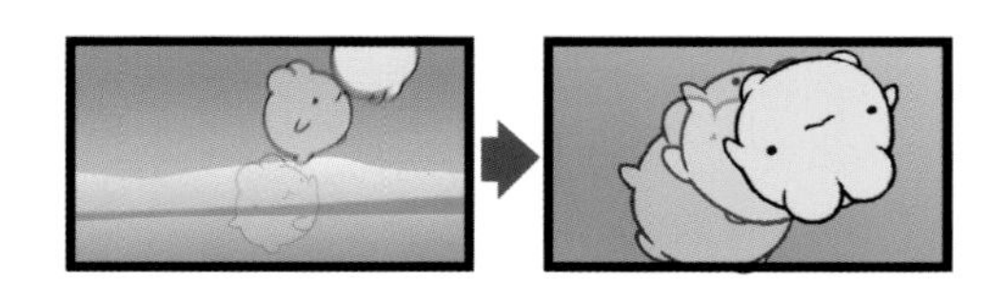

アクション繋ぎです。前のカットと次のカットを動きの流れで繋ぎます。

他にもまだまだあるのですが、用語の説明はきりがないので、代表的なものだけを載せておきました。

残念ながら絵コンテ用語などの映像制作用語には、ローカルルールが多数存在します。例えばトラック アップとズームインは、カメラの動きは全く違うのですが、映像の一部を拡大するという意味では同じです。そのため、手描きのアニメーションでは区別をせず、用語としてトラック アップを使います。しかし実際のカメラでは、トラック アップとズーム インは効果が変わるので注意してください。

フレーム インとフェード インも略称が近く紛らわしいものです。フェード インを「FI」と記述する場合もあり、その場合にはフレーム インを「in」と略します。パン アップ、パン ダウンもそれぞれPU、PDと書く事もあります。分からない場合は素直に聞きましょう。

絵コンテ用紙

それでは次に、24fps用の絵コンテ44を例に絵コンテ用紙の使い方を見てみましょう。

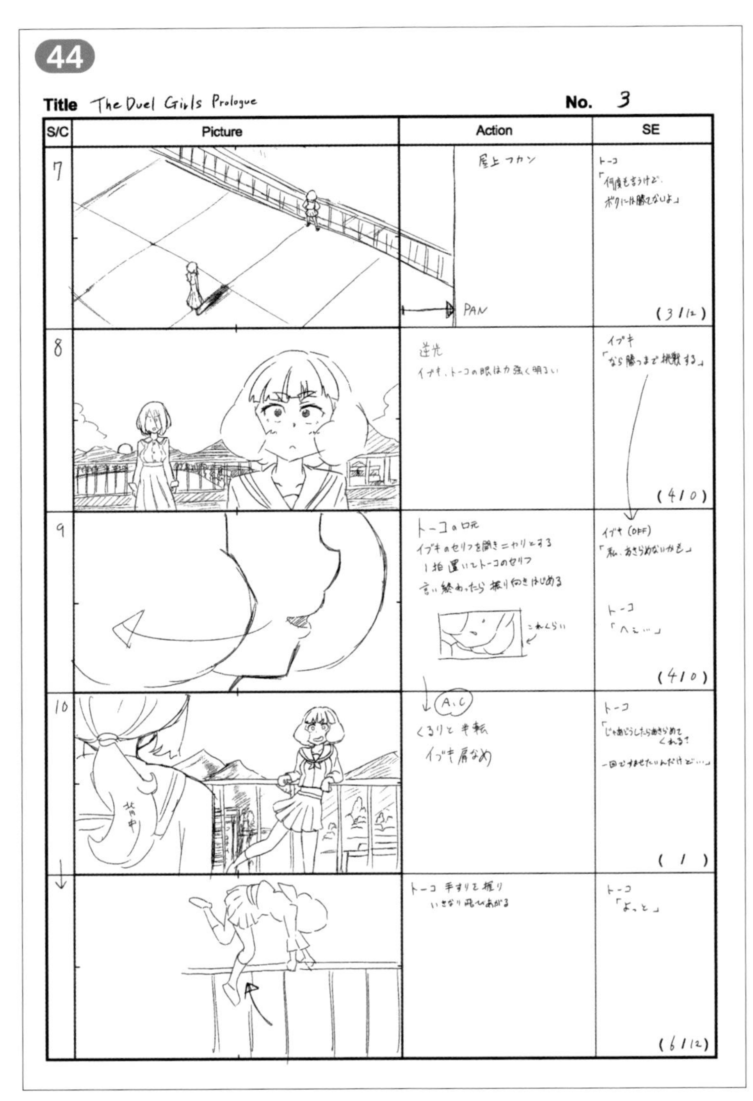

絵コンテの例

1番目の列(S／C):Cut No.
何シーンの何カット目の指示なのか、ここにはカットナンバーを書きこみます。

2番目の列(Picture):画面
具体的なイラストで、映像のイメージを描くスペースです。

3番目の列(Action):内容
絵だけでは伝えられない、細かい指示を書き加えます。

4番目の列(SE):音・台詞
登場人物の台詞や効果音などを書き入れるところです。

4番目の列(／):秒数
カットの長さを記入します。一般的に(秒数／1秒未満のフレーム数)という記述の仕方をします。

最後に見本の絵コンテ44から内容を読み取っていきます。

カット7

「フカン」は上から見下ろすカメラの事です。右向きの矢印と共に「PAN」と書かれています。カット7の長さが3秒12フレームとなっているので、3.5秒かけてゆっくりとカメラが矢印の長さ分、右に動いていくという指示になります。

カット8

「逆光」と書かれているのでキャラクターの後ろから光が射しています。

カット9

キャラクターのクローズ アップで、顔の振り向き具合が2枚の絵で説明されています。

カット10

「AC」はアクション繋ぎの事です。前のカット9の顔の振り向きの動きに繋げて、奥のキャラクターの身体を反転させるという指示です。また「肩なめ」と書いてあるのは、手前のキャラクターの肩越しにその先を映すレイアウトを指します。カットナンバーの部分に、次のフレームにかけて矢印が書いてあるのは、次のフレームも同じカットが続いている事を表しています。

このように絵コンテには情報が細かく書かれていますが、慣れるまではそれを読み取るのは難しいものです。その上、細かい部分はアニメーターに任されています。絵コンテから情報を読み取って、書かれていない部分があればアニメーターが考えて対応しなければならないのです。

例えばカット1では、カメラの「焦点距離」をいくつにすればよいでしょうか？　絵コンテに書いていない場合、アニメーターが画面の絵を見て適切な「焦点距離」を考え、設定しなければなりません。この場合には「遠近感」が弱いので「望遠レンズ」を使用すると考えられます。絵コンテが存在していても、いろいろと考えなければならない事は多いのです。

手描きのアニメーションの場合、絵コンテでバストショットが指定されている時は、カメラに映らない部分をわざわざ描く事はあまりしません。しかし3DCGの場合は、バストショットのカットであっても全身のアニメーションを作成します。全身のアニメーションを先につけてしまった方が、動きのバランスが取りやすいためです。そこで、最初にさっくりと全身のアニメーションを作成し、その後でカメラに映る部分を作り込む、といった方法をとります。

カメラの動き

それでは、ここからカメラを動かす事を考えてみましょう。

最初に、現実のカメラには重さがあり、動かすには手間がかかるという事を認識しておく必要があります。動かし方と言いましたが、実際には「動かさない」が基本となります。まずは固定カメラという事です。

自転車で走っている人を撮影する場合を考えてみましょう。カメラマンはカメラを移動させるより回転させた方が被写体を追いかけやすいので、自転車が中心に収まるようにカメラの向きを変えます。自転車を前から撮影する時はどうするのでしょうか？　一緒に走るわけにはいかないので事前に撮影用の車やクレーン等を準備をしておく必要があります。これではかなり大がかりな撮影になってしまいます。

しかし3DCGでは、自転車の3Dモデルに合わせてカメラを自由に動かす事ができます。だからといって3DCGは便利だと勘違いしないでください。先に説明した「現実のカメラには重さがあり、動かすのは大変」という事実を思い出す必要があります。

なぜかというと、一般の視聴者はリアルなカメラで撮影した映像を見慣れているため、現実のカメラで撮影できない映像を見ると違和感を感じてしまうのです。3DCGで映像を作成する際も、リアルなカメラの動きから逸脱しないように考えなければなりません。ゲームを含めた3DCGの映像に不自然さを感じるのは、その点への配慮が足りない場合がほとんどです。現実のカメラだったらどのように撮影するのだろうか？　と考える事は大切なのです。

特殊なカメラワーク

映画の撮影では映像効果を優先して、特殊な撮影方法を行なう事があります。崖の上から主人公が飛び降りる映像を撮るために、カメラマンも一緒に飛び降りる、などというのは典型的な例でしょう。日常的ではない刺激的な映像が求められているからこそ、そのような工夫をしているのです。

しかし、そのような特殊な方法で撮影した映像が最初から最後まで続いていたらどうでしょうか？　視聴者は疲れ、最後まで映像を見るのが嫌になってしまいます。カメラワークもメリハリが大切なのです。特殊な映像は、「ここぞ」という時に使う事によって、効果的な演出となります。

また、スポーツ選手のドキュメンタリー映画のような場合、試合の途中にも関わらず、選手の真横から撮影しているようなシーンもあります。この場合にはカメラの動きではなく、位置に特殊性があります。実際の試合中にそのような場所にカメラは存在できないため、映画独特のカメラワークになるのです。

3DCGのカメラ

3DCGのカメラはどうでしょう？　現実では手間のかかる映画の特殊なカメラワークの再現も、3DCGなら簡単にできます。3D空間の中にカメラを自由に配置、動かす事ができるのですから。危険だからここから撮影できない、というような場所も存在しませんし、選手の邪魔になるところにカメラを置いても問題ありません。という事で、カメラを動かしたくなるのですが、先に説明したようにリアルなカメラの動きから逸脱した場合、不自然な映像になってしまう危険があります。

繰り返しますが、カメラは固定がデフォルトです。こうした方が効果的、というポイントで動かしましょう。ズームなどは簡単にできるので使いたくなると思いますが、じっと我慢です。「ここぞ」という時に使ってこそ、効果的なカメラワークになるのです。常に現実のカメラを意識するようにしましょう。

P190にオリジナルの絵コンテ用紙がありますので、コピーして利用してください。またボーンデジタルの書籍ページから絵コンテのPDFデータをダウンロードできるのでそちらも活用してください。

他の人の作った映像もたくさん見て勉強しましょう！

Title **No.**

S/C	Picture	Action	SE
			(/)
			(/)
			(/)
			(/)
			(/)

索引

英数字

ア行

カ行

サ行

タ行

ナ行

ハ行

マ行

ヤ行

ラ行

ワ行

3DCGアニメーション入門 改訂版

2023年12月25日　初版第1刷発行

著者
荻野 哲哉（だんごむしスタジオ）

発行人
新 和也

編集
斉藤 美絵

発行
株式会社ボーンデジタル

〒102-0074
東京都千代田区九段南1-5-5 九段サウスサイドスクエア
TEL：03-5215-8671
FAX：03-5215-8667
URL：https://www.borndigital.co.jp/book
お問い合わせ先：https://www.borndigital.co.jp/contact

イラストレーション・アニメーション画像
工藤 陽輔／高瀬 未生

協力
網野 祐介／飯塚 千尋／
杉山 潤也／りょう よしだ

キャラクターリグ作成
大石 敏幸

写真撮影協力
WATAPON

テクニカルチェック
北村 操佳
（株式会社ボーンデジタル）

デザイン
西岡 裕二

DTP
こすげ ちえみ

表紙デザイン
金岡 直樹（SLOW inc.）

印刷・製本
株式会社大丸グラフィックス

ISBN：978-4-86246-581-8
Printed in Japan